职业教育计算机类专业新型一体化教材

Bootstrap 网站开发实战

于晓霞　主　编

刘良方　陈宁凡　沈志刚　副主编

电子工业出版社

Publishing House of Electronics Industry

北京·BEIJING

内 容 简 介

本书主要面向高职、高专软件技术专业，以及开设前端开发课程专业的学生，可以作为"1+X"证书 Web 前端开发考试中 Bootstrap 网站开发内容的参考用书。本书内容以三种常见的网站类型项目为主线，项目按照由易到难，由纯框架开发到个人定制开发，由浅入深、循序渐进的思路，知识难度和深度呈阶梯式递增，帮助学生理解和掌握所学的知识。本书案例主要以 Bootstrap 官网的案例为主进行分析。本书的主要内容涉及 Bootstrap 环境搭建、全局 CSS 样式、组件、JavaScript 插件等。

本书由教学工作经验丰富的资深教师参与编写而成，每个案例均提供微课、素材、源代码，读者进入课程资源平台即可观看视频和查看源代码。

图书在版编目（CIP）数据

Bootstrap 网站开发实战 / 于晓霞主编. —北京：电子工业出版社，2021.3

ISBN 978-7-121-40242-5

Ⅰ. ①B…　Ⅱ. ①于…　Ⅲ. ①网页制作工具—高等学校—教材　Ⅳ. ①TP393.092

中国版本图书馆 CIP 数据核字（2020）第 255825 号

责任编辑：李　静

印　　刷：涿州市般润文化传播有限公司

装　　订：涿州市般润文化传播有限公司

出版发行：电子工业出版社

　　　　　北京市海淀区万寿路 173 信箱　邮编：100036

开　　本：787×1092　1/16　印张：8.75　字数：224 千字

版　　次：2021 年 3 月第 1 版

印　　次：2023 年 7 月第 4 次印刷

定　　价：28.80 元

凡所购买电子工业出版社图书有缺损问题，请向购买书店调换。若书店售缺，请与本社发行部联系，联系及邮购电话：（010）88254888，88258888。

质量投诉请发邮件至 zlts@phei.com.cn，盗版侵权举报请发邮件至 dbqq@phei.com.cn。

本书咨询联系方式：（010）88254604，lijing@phei.com.cn。

前 言 III

随着互联网技术的发展，在大中型互联网公司中，前端开发工程师的人才需求规模越来越大。Bootstrap 框架技术是目前非常流行的响应式网站开发技术，是最受欢迎的 HTML、CSS 和 JS 框架，用于开发响应式布局、移动设备优先的 Web 项目。Bootstrap 也是目前各高校软件技术专业，以及开设前端开发课程专业学生的必修课程。Bootstrap 是快速开发 Web 应用程序的前端工具技术通过本书的学习，学生能够熟练掌握 Bootstrap 的基本语法和应用方式，熟练运用 Bootstrap 前端框架的全局 CSS 样式、组件、JavaScript 插件等，进而培养学生能根据客户需求，按照最优化的程序设计代码规范，开发响应式布局网站的能力。

本书共三个项目。项目一为博客网站开发实战，主要介绍 Bootstrap 环境搭建，组件中的导航条、列表组、面版、媒体对象、字体图标、分页、缩略图、标签页，全局 CSS 样式中的栅格系统、响应式工具等知识，通过对博客网站的分析和分步骤开发，让读者深刻理解和掌握运用基本的 Bootstrap 框架搭建响应式网站的技术。项目二为专题类网站开发实战，主要介绍 Bootstrap 组件中的巨幕、警告框，全局 CSS 样式中的排版、按钮、图片和辅助类等知识，通过对专题类网站的分析和分步骤开发，让学生深刻理解和掌握专题类网站的响应式布局技术。项目三为后台管理页面开发实战，主要介绍 Bootstrap 组件中的进度条、页头、下拉菜单，全局 CSS 样式中的表格，JavaScrpt 插件中的警告框、模态框和弹出框等知识，通过对项目后台管理网站的分析和分步骤开发，让学生深刻理解和牢固掌握运用 Bootstrap 框架定制响应式布局的技术。

本课程的教学内容以常见的网站类型项目为主线，通过知识架构图+项目开发手册+微课的学习模式，帮助学生达到课程教学目标。本书项目的编写满足不同层次学生的需求，采用思维导图，按照项目—任务—问题—知识点的形式制作知识框架，让有能力的学生通过知识框架图就可以完成项目开发，也可以通过查阅手册辅助项目开发。

本书由于晓霞担任主编，刘良方、陈宁凡、沈志刚担任副主编。

虽然我们对本书的所有内容都尽量核实，并进行多次校对，但因时间所限，可能还存在疏漏和不足之处，恳请读者批评指正。如果读者在学习和使用本书的过程中遇到困难或疑惑，请发邮件至 77374325@qq.com，我们会尽快解答。

目 录 Ⅲ

项目一
博客网站开发实战

1.1 项目介绍

本项目主要适合初学者，仅通过使用纯粹的 Bootstrap 框架自带的样式来开发网站，不需要任何的定制样式。通过本项目的学习，初学者可以轻松了解 Bootstrap 环境搭建、全局 CSS 样式、组件、JavaScrtip 插件等常用的功能和框架。

本项目是基于 Bootstrap 的博客网站静态页面开发，能够为前端技术基础不太好 ，又想开发博客网站的朋友们提供一个不错的前端页面模板。

本项目的博客网站静态页面采用 bootstrap 前端框架，能够兼容移动端访问，页面美观、简洁。

目前，这套基于 Bootstrap 的博客网站静态页面，页面包含：

① 博客首页。

② 博文列表页面。

③ 个人主页。

④ 新增博客页面。

⑤ 个人管理中心页面（包含密码管理、用户头像管理、编辑个人资料、收藏文章管理、关注人管理、博文分类管理、草稿箱管理）。

⑥ 博文页面。

⑦ 登录页面。

⑧ 注册页面。

⑨ 找回密码页面。

⑩ 个人消息中心管理页面（包含系统消息、回复、评论、私信、粉丝）。

⑪ 文档管理页面。

⑫ 下载中心页面。

由于时间和篇幅的限制，本章主要完成以下页面：

① 博客首页。

② 博文列表页面。

③ 下载中心页面。

1.2　项目效果

① 博客首页 PC 端效果如图 1-1 所示。

图 1-1

② 博客首页手机端效果如图 1-2 所示。

图 1-2

③ 博文列表 PC 端效果如图 1-3 所示。

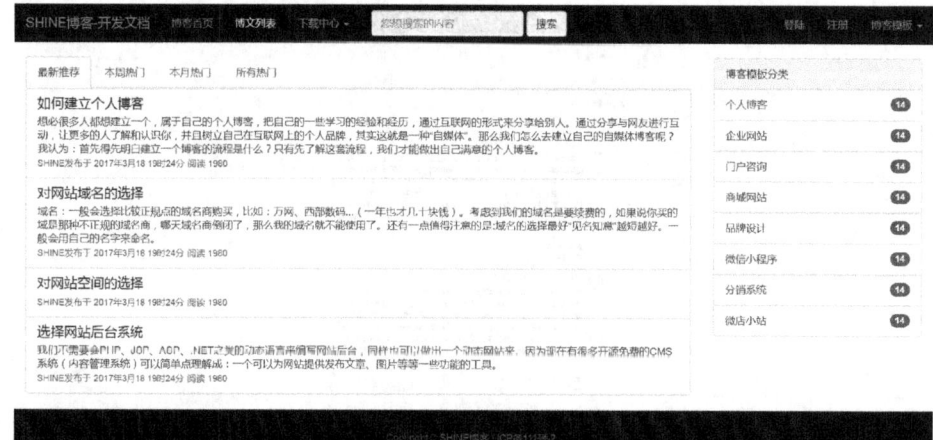

图 1-3

④ 博文列表手机端效果如图 1-4 所示。

图 1-4

⑤ 下载中心 PC 端效果如图 1-5 所示。

图 1-5

⑥ 下载中心手机端效果如图 1-6 所示。

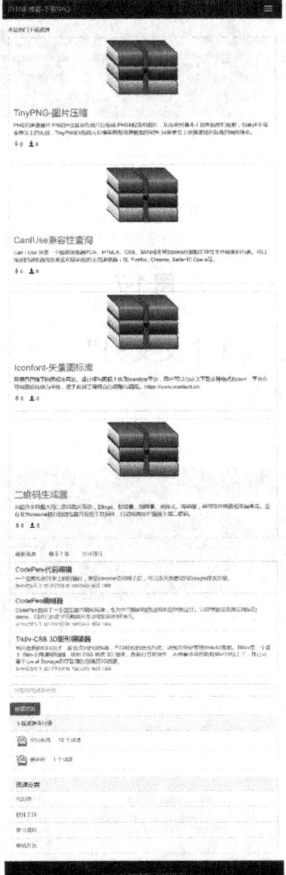

图 1-6

1.3 重点知识

1.3.1 Bootstrap 环境搭建

Bootstrap 是简洁、直观、便捷的前端开发框架，让 Web 开发更迅速、简单。

Bootstrap 官网：https://getbootstrap.com/

Bootstrap 中文官网：http://www.bootcss.com/

下面具体讲解 Bootstrap 环境搭建的步骤（本书使用的是 Bootstrap3 版本软件）。

① 进入 Bootstrap 中文官网 http://www.bootcss.com/，如图 1-7 所示。

图 1-7

② 在网站上依次选择"Bootstrap3 中文文档"—"起步"—"下载"—"用于生产环境的 Bootstrap"选项，如图 1-8 所示。

图 1-8

③ 选择"起步"—"基本模板"选项，如图 1-9 所示。

图 1-9

④ 新建一个 index.html 文件，用编辑器打开。将基本模板中的代码复制到新建的文件中，如图 1-10 所示。

基本模板

使用以下给出的这份超级简单的 HTML 模版，或者修改这些实例。我们强烈建议你对这些实例按照自己的需求进行修改，而不要简单地复制、粘贴。

复制并粘贴下面给出的 HTML 代码，这就是一个最简单的 Bootstrap 页面了。

```
<!DOCTYPE html>
<html lang="zh-CN">
  <head>
    <meta charset="utf-8">
    <meta http-equiv="X-UA-Compatible" content="IE=edge">
    <meta name="viewport" content="width=device-width, initial-scale=1">
    <!-- 上述3个meta标签*必须*放在最前面，任何其他内容都*必须*跟随其后！ -->
    <title>Bootstrap 101 Template</title>

    <!-- Bootstrap -->
    <link href="https://cdn.jsdelivr.net/npm/bootstrap@3.3.7/dist/css/bootstrap.min.css" rel="stylesheet">

    <!-- HTML5 shim 和 Respond.js 是为了让 IE8 支持 HTML5 元素和媒体查询（media queries）功能 -->
    <!-- 警告：通过 file:// 协议（就是直接将 html 页面拖拽到浏览器中）访问页面时 Respond.js 不起作用 -->
    <!--[if lt IE 9]>
      <script src="https://cdn.jsdelivr.net/npm/html5shiv@3.7.3/dist/html5shiv.min.js"></script>
      <script src="https://cdn.jsdelivr.net/npm/respond.js@1.4.2/dest/respond.min.js"></script>
    <![endif]-->
  </head>
  <body>
    <h1>你好，世界！</h1>

    <!-- jQuery (Bootstrap 的所有 JavaScript 插件都依赖 jQuery，所以必须放在前边) -->
    <script src="https://cdn.jsdelivr.net/npm/jquery@1.12.4/dist/jquery.min.js"></script>
    <!-- 加载 Bootstrap 的所有 JavaScript 插件。你也可以根据需要只加载单个插件。 -->
    <script src="https://cdn.jsdelivr.net/npm/bootstrap@3.3.7/dist/js/bootstrap.min.js"></script>
  </body>
</html>
```

图 1-10

⑤ 修改以下三处文件地址为本地地址，如图 1-11 和图 1-12 所示。

注意：bootstrap.min.css、jquery.min.js、bootstrap.min.js，这三个文件一定要有。

```
<!DOCTYPE html>
<html lang="zh-CN">
  <head>
    <meta charset="utf-8">
    <meta http-equiv="X-UA-Compatible" content="IE=edge">
    <meta name="viewport" content="width=device-width, initial-scale=1">
    <!-- 上述3个meta标签*必须*放在最前面，任何其他内容都*必须*跟随其后！ -->
    <title>Bootstrap 101 Template</title>

    <!-- Bootstrap -->
    <link href="https://cdn.jsdelivr.net/npm/bootstrap@3.3.7/dist/css/bootstrap.min.css" rel="stylesheet">

    <!-- HTML5 shim 和 Respond.js 是为了让 IE8 支持 HTML5 元素和媒体查询（media queries）功能 -->
    <!-- 警告：通过 file:// 协议（就是直接将 html 页面拖拽到浏览器中）访问页面时 Respond.js 不起作用 -->
    <!--[if lt IE 9]>
      <script src="https://cdn.jsdelivr.net/npm/html5shiv@3.7.3/dist/html5shiv.min.js"></script>
      <script src="https://cdn.jsdelivr.net/npm/respond.js@1.4.2/dest/respond.min.js"></script>
    <![endif]-->
  </head>
  <body>
    <h1>你好，世界！</h1>

    <!-- jQuery (Bootstrap 的所有 JavaScript 插件都依赖 jQuery，所以必须放在前边) -->
    <script src="https://cdn.jsdelivr.net/npm/jquery@1.12.4/dist/jquery.min.js"></script>
    <!-- 加载 Bootstrap 的所有 JavaScript 插件。你也可以根据需要只加载单个插件。 -->
    <script src="https://cdn.jsdelivr.net/npm/bootstrap@3.3.7/dist/js/bootstrap.min.js"></script>
  </body>
</html>
```

图 1-11

```
<!DOCTYPE html>
<html lang="zh-CN">
  <head>
    <meta charset="utf-8">
    <meta http-equiv="X-UA-Compatible" content="IE=edge">
    <meta name="viewport" content="width=device-width, initial-scale=1">
    <!-- 上述3个meta标签*必须*放在最前面，任何其他内容都*必须*跟随其后！ -->
    <title>Bootstrap 101 Template</title>

    <!-- Bootstrap -->
    <link href="css/bootstrap.min.css" rel="stylesheet">

    <!-- HTML5 shim 和 Respond.js 是为了让 IE8 支持 HTML5 元素和媒体查询（medi
    <!-- 警告：通过 file:// 协议（就是直接将 html 页面拖拽到浏览器中）访问页面时
    <!--[if lt IE 9]>
      <script src="https://cdn.jsdelivr.net/npm/html5shiv@3.7.3/dist/html5s
      <script src="https://cdn.jsdelivr.net/npm/respond.js@1.4.2/dest/respo
    <![endif]-->
  </head>
  <body>
    <h1>你好，世界！</h1>

    <!-- jQuery (Bootstrap 的所有 JavaScript 插件都依赖 jQuery，所以必须放在前
    <script src="js/jquery.min.js"></script>
    <!-- 加载 Bootstrap 的所有 JavaScript 插件。你也可以根据需要只加载单个插件。
    <script src="js/bootstrap.min.js"></script>
  </body>
</html>
```

图 1-12

⑥ 现在请打开浏览器看一下运行效果。一个带有 Bootstrap 样式的"你好，世界！"就显示出来了，如图 1-13 所示。

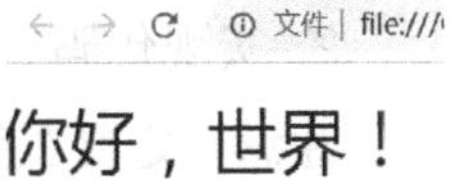

你好，世界！

图 1-13

1.3.2 Bootstrap 组件——导航条

Bootstrap 中的导航条（navbar）是放在应用或网站的头部，作为导航的响应式基础组件，它能够根据浏览器窗口宽度，自动调整导航条的显示状态，在移动设备上折叠（并且可开可关），在视口（viewport）宽度增加时逐渐变为水平展开模式。

Bootstrap 对基本导航条进行了一些扩展，除站点名称和导航链接外，还可以在导航条中添加表单、按钮、下拉菜单、文本、非导航链接等。

这里主要讲解在 Bootstrap 官方网站中，导航条的第一个实例。

1. 导航条效果

① 导航条在 PC 端的效果如图 1-14 所示。

图 1-14

② 导航条在手机端的效果如图 1-15 所示。

图 1-15

③ 导航条在手机端的效果是隐藏了 Brand 右边的原本内容，将其整合到了右边的按钮里面，单击按钮后的效果，如图 1-16 所示。

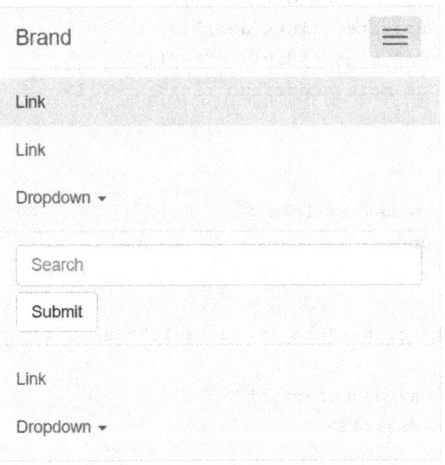

图 1-16

2. 实现代码

注意一定要在头部<head>引入 Bootstrap 框架文件，Bootstrap 的所有样式的使用必须要引入框架文件：bootstrap.min.css、jquery.min.js、bootstrap.min.js。

导航条效果的实现代码如下：

```
<nav class="navbar navbar-default">
  <div class="container-fluid">
    <!-- Brand and toggle get grouped for better mobile display -->
    <div class="navbar-header">
      <button type="button" class="navbar-toggle collapsed" data-toggle="collapse" data-
target="#bs-example-navbar-collapse-1" aria-expanded="false">
        <span class="sr-only">Toggle navigation</span>
        <span class="icon-bar"></span>
        <span class="icon-bar"></span>
        <span class="icon-bar"></span>
      </button>
      <a class="navbar-brand" href="#">Brand</a>
    </div>

    <!-- Collect the nav links, forms, and other content for toggling -->
    <div class="collapse navbar-collapse" id="bs-example-navbar-collapse-1">
      <ul class="nav navbar-nav">
        <li class="active"><a href="#">Link <span class="sr-only">(current)</span></a></li>
        <li><a href="#">Link</a></li>
        <li class="dropdown">
          <a href="#" class="dropdown-toggle" data-toggle="dropdown" role="button" aria-
haspopup="true" aria-expanded="false">Dropdown <span class="caret"></span></a>
          <ul class="dropdown-menu">
            <li><a href="#">Action</a></li>
            <li><a href="#">Another action</a></li>
            <li><a href="#">Something else here</a></li>
            <li role="separator" class="divider"></li>
            <li><a href="#">Separated link</a></li>
            <li role="separator" class="divider"></li>
            <li><a href="#">One more separated link</a></li>
          </ul>
        </li>
      </ul>
      <form class="navbar-form navbar-left">
        <div class="form-group">
          <input type="text" class="form-control" placeholder="Search">
        </div>
        <button type="submit" class="btn btn-default">Submit</button>
      </form>
      <ul class="nav navbar-nav navbar-right">
        <li><a href="#">Link</a></li>
        <li class="dropdown">
          <a href="#" class="dropdown-toggle" data-toggle="dropdown" role="button" aria-
haspopup="true" aria-expanded="false">Dropdown <span class="caret"></span></a>
          <ul class="dropdown-menu">
            <li><a href="#">Action</a></li>
```

```
        <li><a href="#">Another action</a></li>
        <li><a href="#">Something else here</a></li>
        <li role="separator" class="divider"></li>
        <li><a href="#">Separated link</a></li>
      </ul>
    </li>
  </ul>
  </div><!-- /.navbar-collapse -->
 </div><!-- /.container-fluid -->
</nav>
```

3. 代码分析（请打开浏览器，结合审查元素观看）

（1）<nav class="navbar navbar-default">

表示这是一个导航条，具有 navbar 和 navbar-default 的样式，导航条宽度随屏幕宽度的变化而变化。

（2）<div class="container-fluid">

Bootstrap 需要为页面内容和栅格系统包裹一个.container 容器来支持响应式布局。container 类是用于固定宽度并支持响应式布局的容器。container-fluid 类用于 100%宽度，是占据全部视口（viewport）的容器。

注意：这里的导航条没有固定宽度，因此用 container-fluid 类。在下一节中将会具体讲解栅格系统。

（3）<div class="navbar-header">

请大家使用 F12 键，打开审查元素后，可知其响应 PC 和手机的区别。

① 调整内外边距让内容呈现在合适的位置。

② 当浏览器的宽度变小时，该 div 会浮动在浏览器屏幕的左边。

注意：这里使用的样式是 float：left。可以设置 div 元素浮动并靠左边对齐。让该 div 变成了行内元素，该 div 不再占一行，它的宽度随内容而定，它的内容根据代码可知是一个 button 标签加上一个 a 标签，由于响应 PC 时 button 被隐藏了，所以最终该 div 的宽度由 a 标签决定，对应 PC 端效果图里面的"Brand"。因为只占一行的一小部分空间，所以"Brand"右边还可以放其他元素，适合在 PC 端观看。

③ 响应手机的时候不左浮动。

注意：因为手机屏幕较小，一行不能放太多东西，所以这时候该 div 就不左浮动了，此时该 div 为块级元素占一行，内容为 button 标签加上一个 a 标签，a 标签左浮动，对应手机端效果图左边的"Brand"；button 在手机端会显示且右浮动，对应手机端效果图右边的按钮。

这里给出一个左浮动的例子，供参考：

```
<div style=" background-color: pink; ">没有浮动</div>
<div style=" float: left;background-color: yellow; ">左浮动</div>
<div style=" background-color: pink; ">没有浮动</div>
```

（4）<button type="button" class="navbar-toggle collapsed" data-toggle="collapse" data-target="#bs-example-navbar-collapse-1" aria-expanded="false">

注意：

① 响应 PC 的时候该 button 会被隐藏，代码如下：

```
@media (min-width: 768px) .navbar-toggle {display: none;}.
```

② 响应手机的时候会显示出来。

button 结合它里面的四个 span 标签一起就对应着手机端效果图右边的那个按钮。首先 button 标签通过 margin 和 padding 调整好位置，注意 button 没有设置宽高，宽高是由它的内容决定的。第一个 span 是给屏幕阅读器阅读的，方便残障人士阅读网站，该 span 说明这是一个 Toggle navigation 切换导航，并通过.sr-only 类（只给屏幕阅读器阅读的类）让其在视觉上表现出隐藏的效果（宽高只有 1px×1px）；剩下三个 span 对应按钮里面的三条横线。原理：span 为块级元素，宽高为 22px×2px，背景色为灰色，第一条横线无外边距，第二和第三条横线有向上为 4px 的外边距，所以横线分布均匀，效果美观。

这里的 data-toggle="collapse"实现了折叠插件效果，折叠的内容是 data-target="#bs-example-navbar-collapse-1"，单击该 button 就可以将该 id 对应的内容展开显示了。

这里的 aria-expanded="false"就是告诉屏幕阅读器这个 collapse 折叠没有展开，当单击该 button 后就变成 aria-expanded="true"。注意这些 aria-*属性都是用来描述网页的，并不能通过改变它的值来使页面样式发生改变。

（5）<div class="collapse navbar-collapse" id="bs-example-navbar-collapse-1">

① 响应 PC 时会显示出来。

对应 PC 端效果图"Brand"右边的部分，里面的内容是 ul + form + ul，第一个 ul 及其 li 左浮动，form 左浮动，第二个 ul 右浮动，就可以显示出效果图一行排列的样式了。

② 响应手机的时候会隐藏。

当单击按钮的时候会展开显示里面的内容，实现原理是在单击按钮时给该 div 设置样式 display：block，而该 div 里面的内容是 ul+form+ul。在响应手机的时候，取消浮动样式，把它们都变成块级元素（包括 ul 里面的 li）就可以实现手机效果图一行接着一行排列的效果了。

（6）<li class="active"><a href="#">Link <span class="sr-only">(current)</span></a></li>

分层来看这句代码，span 在最里面，sr-only 说明是用于屏幕阅读器阅读的，(current) 说明是当前选中的页面，看效果图就会发现被选中的 Link 的背景色会深一点；外面一层是 a 标签，文本为 Link，放在导航条中方便跳转；最外层是包裹 a 标签的 li，值得注意的是，它的 active 类不是用来实现背景色加深的，而是用来方便标签选择器找到 a 标签 (.active>a)，然后给这个位置的 a 标签加深颜色的，更有意义的作用应该是选中某个 a 标签就会让被选中的 a 标签的 li 带上 active 类，这样.active>a 就总能够找到被选中的 a 标签了，然后对它的样式进行改变也很方便。不过要实现这样的效果直接用 JS 不用 active 类也可以。

（7）<li class="dropdown">下拉菜单

在响应 PC 的时候，下拉菜单左浮动，宽度由内容决定；响应手机的时候，取消左浮动，块级元素逐行显示。响应 PC 的时候，下拉菜单紧紧贴在下拉按钮下面是因为用了子元素绝对定位、父元素相对定位的技术。

（8）<span class="caret"></span></a>

用于实现效果图中"Dropdown"右边的倒三角。

（9）<li role="separator" class="divider"></li>

用于实现下拉菜单中的分割线。原理：背景色为灰色，高度为 1px。

（10）<input type="text" class="form-control" placeholder="Search">

① 响应 PC 的时候，输入框的宽度为默认的 auto（对于不同标签，默认宽度 auto 不一样，像块级元素 div，auto 就是 100%父元素；像行内元素 span，auto 就是 0；输入框的默认宽度因浏览器的不同而不同，谷歌浏览器是 22 个字符，174.4px）。

② 响应手机的时候宽度是 width：100%，所以只占一行。

1.3.3　Bootstrap 全局 CSS 样式——栅格系统

Bootstrap 提供了一套响应式、移动设备优先的流式栅格系统，随着屏幕或视口（viewport）尺寸的增加，系统会默认分为 12 列。

栅格系统用于通过一系列的行（row）与列（column）的组合来创建页面布局，网页内容就可以放入这些创建好的布局中。

这里主要讲解 Bootstrap 官方网站（https://v3.bootcss.com/css/#grid）的实例。

1. 栅格系统布局效果

① 栅格系统在 PC 端的效果如图 1-17 所示。

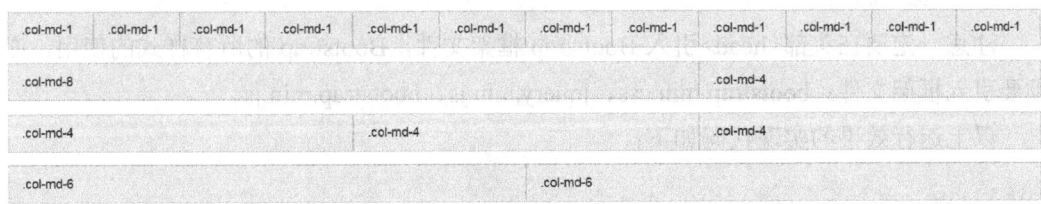

图 1-17

② 栅格系统在手机端的效果如图 1-18 所示。

图 1-18

2. 实现代码

注意一定要在头部<head>引入 Bootstrap 框架文件，Bootstrap 的所有样式的使用，必须要引入框架文件：bootstrap.min.css、jquery.min.js、bootstrap.min.js。

以上运行效果的实现代码如下：

```
<div class="row">
  <div class="col-md-1">.col-md-1</div>
  <div class="col-md-1">.col-md-1</div>
  <div class="col-md-1">.col-md-1</div>
  <div class="col-md-1">.col-md-1</div>
  <div class="col-md-1">.col-md-1</div>
  <div class="col-md-1">.col-md-1</div>
  <div class="col-md-1">.col-md-1</div>
```

```
  <div class="col-md-1">.col-md-1</div>
  <div class="col-md-1">.col-md-1</div>
  <div class="col-md-1">.col-md-1</div>
  <div class="col-md-1">.col-md-1</div>
  <div class="col-md-1">.col-md-1</div>
</div>
<div class="row">
  <div class="col-md-8">.col-md-8</div>
  <div class="col-md-4">.col-md-4</div>
</div>
<div class="row">
  <div class="col-md-4">.col-md-4</div>
  <div class="col-md-4">.col-md-4</div>
  <div class="col-md-4">.col-md-4</div>
</div>
<div class="row">
  <div class="col-md-6">.col-md-6</div>
  <div class="col-md-6">.col-md-6</div>
</div>
```

3. 代码分析

栅格系统的核心是类似.col-xs-1 这样的表示列的 div，列放在行中，也就是.row 这样表示行的 div；行放在布局容器中，一行最多会被分为 12 列。在预定义的列类名中，xs、sm、md 和 lg 表明列的宽度设置分别在超小屏幕、小屏幕、中等屏幕和大屏幕上生效；1 到 12 表示列宽度占行宽度的 1/12 到 1。

工作原理：

① "行（row）"必须包含在.container（固定宽度）或.container-fluid（100%宽度）中，以便为其赋予合适的排列（aligment）和内补（padding）。

② 通过"行（row）"在水平方向创建一组"列（column）"。

③ 网页内容应当放置于"列（column）"内，同时，只有"列（column）"可以作为"行（row）"的直接子元素。

④ 类似.row 和.col-xs-4 这种预定义的类，可以用来快速创建栅格布局。

Bootstrap 源码中定义的 mixin 也可以用来创建语义化的布局。

⑤ 通过为"列（column）"设置 padding 属性，从而创建列与列之间的间隔（gutter）。

通过为.row 元素设置负值 margin，从而抵消掉为.container 元素设置的 padding，也就间接为"行（row）"所包含的"列（column）"抵消掉 padding。

⑥ 栅格系统中的列是通过指定 1 到 12 的值来表示其跨越的范围的。例如，三个等宽的列可以使用三个.col-xs-4 来创建。

⑦ 如果一个"行（row）"中包含的"列（column）"大于 12，多余的"列（column）"所在的元素将被作为一个整体另起一行排列。

⑧ 栅格类适用于屏幕宽度大于或等于分界点大小的设备，并且针对小屏幕设备覆盖

栅格类。因此，在元素上应用任何.col-md-栅格类适用于屏幕宽度大于或等于分界点大小的设备，并且针对小屏幕设备覆盖栅格类。

下面给出一个使用栅格系统的实例，请大家在浏览器中观看效果。代码如下：

```
<div class="row">
<div class="col-xs-12 col-sm-6 col-md-4 col-lg-3"></div>
<div class="col-xs-12 col-sm-6 col-md-4 col-lg-3"></div>
<div class="col-xs-12 col-sm-6 col-md-4 col-lg-3"></div>
<div class="col-xs-12 col-sm-6 col-md-4 col-lg-3"></div>
</div>
```

上面四个 div，如果在超小屏幕上就 100%显示（占 12 栅格）；在小屏幕上，每个 div 50%显示；在中屏幕上，每个 div 25%显示；在大屏幕上，每个 div 33.33%显示。

注意：栅格参数：

```
.col-xs-: 超小屏幕 手机 (<768px)
.col-sm- 小屏幕 平板 (≥768px)
.col-md- 中等屏幕 桌面显示器 (≥992px)
.col-lg- 大屏幕 大桌面显示器 (≥1200px)
```

栅格系统是往上兼容的，意味着在小屏幕上的内容在大屏幕上是可以正常显示的，但是在大屏幕上的内容在小屏幕上无法正常显示。

row 可以再次嵌套在列中。如果不能填满整列，则默认从左排列，如果超出，则换行展示。

1.3.4 Bootstrap 组件——列表组

列表组是灵活又强大的组件，不仅能用于显示一组简单的元素，还能用于显示复杂的定制内容。

这里主要讲解 Bootstrap 官方网站（https：//v3.bootcss.com/components/#list-group）中的基本实例。最简单的列表组仅仅是一个带有多个列表条目的无序列表，另外还需要设置适当的类。我们提供了一些预定义的样式，可以根据自身的需求通过 CSS 自己定制。

1. 列表组效果

列表组在 PC 端的效果如图 1-19 所示。

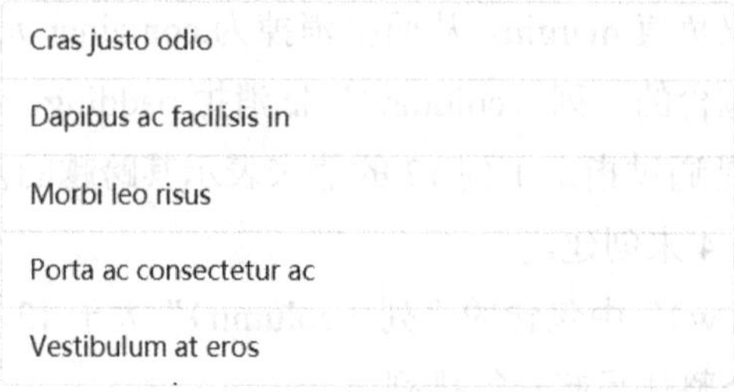

图 1-19

2. 实现代码

注意一定要在头部\<head\>引入 Bootstrap 框架文件。Bootstrap 的所有样式的使用必须要引入框架文件：bootstrap.min.css、jquery.min.js、bootstrap.min.js。

以上运行效果的实现代码如下：

```
<ul class="list-group">
  <li class="list-group-item">Cras justo odio</li>
  <li class="list-group-item">Dapibus ac facilisis in</li>
  <li class="list-group-item">Morbi leo risus</li>
  <li class="list-group-item">Porta ac consectetur ac</li>
  <li class="list-group-item">Vestibulum at eros</li>
</ul>
```

3. 代码分析

最简单的列表组仅仅是一个带有多个列表条目的无序列表。列表组由.list-group 的容器创建，其中包含一个或多个.list-group-item 列表项。

除了最基本的.list-group-item 的列表项，Bootstrap 还允许在列表组中加入徽章、链接、按钮等其他组件，并为它们提供了样式支持。

（1）徽章

可以在列表组的列表项中加入徽章组件，并支持放置多个徽章组件。列表组中的徽章组件被自动放在了右侧，并在相邻的徽章之间保留 5px 的间隙。运行效果如图 1-20 所示。

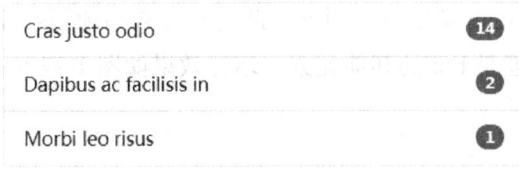

图 1-20

以上运行效果的实现代码如下：

```
<ul class="list-group">
 <li class="list-group-item">
   Cras justo odio
  <span class="badge">14</span>
 </li>
 <li class="list-group-item">
   Dapibus ac facilisis in
  <span class="badge">2</span>
 </li>
 <li class="list-group-item">
   Morbi leo risus
  <span class="badge">1</span>
 </li>
</ul>
```

（2）链接

只需用<a>标签代替<li>标签，就可以创建出全部都是链接的列表组。不过，在这种情况下，父元素必须用<div>而不能用<ul>。还可以给被激活的链接添加.active 类，让链接高亮显示。运行效果如图 1-21 所示。

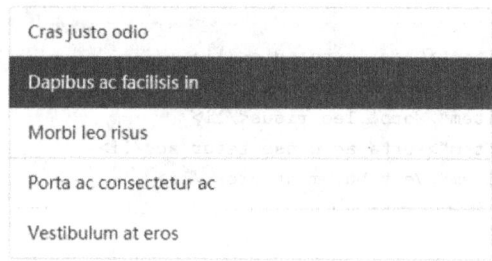

图 1-21

以上运行效果的实现代码如下：

```html
<div class="list-group">
 <a href="#" class="list-group-item">Cras justo odio</a>
 <a href="#" class="list-group-item active">Dapibus ac facilisis in</a>
 <a href="#" class="list-group-item">Morbi leo risus</a>
 <a href="#" class="list-group-item">Porta ac consectetur ac</a>
 <a href="#" class="list-group-item">Vestibulum at eros</a>
</div>
```

（3）按钮

列表组中的元素也可以是按钮。同理，此时父元素必须用<div>而不能用<ul>，子元素只能是<button>，不能是.btn 的其他元素。运行效果如图 1-22 所示。

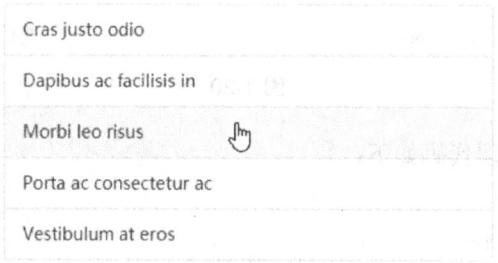

图 1-22

以上运行效果的实现代码如下：

```html
<div class="list-group">
 <button type="button" class="list-group-item">Cras justo odio</button>
 <button type="button" class="list-group-item">Dapibus ac facilisis in</button>
 <button type="button" class="list-group-item">Morbi leo risus</button>
 <button type="button" class="list-group-item">Porta ac consectetur</button>
 <button type="button" class="list-group-item">Vestibulum at eros</button>
</div>
```

1.3.5　Bootstrap 组件——面版

面版虽然不总是必需的,但某些时候可能根据需求将某些DOM内容放到一个盒子里。对于这种情况,可以试试面版组件。

Bootstrap 的面版组件是内容的容器,它由页眉、主体、页脚三部分组成。面版组件由.panel 的容器定义,页眉、主体、页脚分别由.panel-title、.panel-body、.panel-footer 的容器定义。

这里主要讲解 Bootstrap 官方网站(https://v3.bootcss.com/components/#panels)中的基本实例。

1. 基本面版

由于面版组件的页眉和页脚是可选的,因此基本的面版只包含主体,它只是一个带有边框的文本框。运行效果如图 1-23 所示。

```
Basic panel example
```

图 1-23

以上运行效果的实现代码如下:

```
<div class="panel panel-default">
 <div class="panel-body">
  Basic panel example
 </div>
</div>
```

2. 带标题的面版

通过.panel-heading 可以很简单地为面版加入一个标题容器。运行效果如图 1-24 所示。

```
Panel heading without title

Panel content
```

图 1-24

以上运行效果的实现代码如下:

```
<div class="panel panel-default">
 <div class="panel-heading">Panel heading without title</div>
 <div class="panel-body">
  Panel content
 </div>
</div>
```

也可以将标题的内容放在<h1>～<h6>标签中,不过这是可选的。使用<h1>～<h6>标签时,如果要为它们提供预定义的样式,就要为它们设置.panel-title 类,这时,<h1>～<h6>标签的字体大小将被.panel-title 的样式所覆盖。运行效果如图 1-25 所示。

Panel title

Panel content

图 1-25

以上运行效果的实现代码如下：

```
<div class="panel panel-default">
 <div class="panel-heading">
  <h3 class="panel-title">Panel title</h3>
 </div>
 <div class="panel-body">
  Panel content
 </div>
</div>
```

注意：如果标题中包含链接，为了给链接设置合适的颜色，务必将链接放到带有 .panel-title 类的标题标签中。

3. 带页脚的面版

通过 .panel-footer 为面版加入一个页脚容器。页脚一般用来放置按钮或次要文本。不过，页脚不会从情境中继承颜色，因为它们并不是主要内容。运行效果如图 1-26 所示。

Panel content

Panel footer

图 1-26

以上运行效果的实现代码如下：

```
<div class="panel panel-default">
 <div class="panel-body">
  Panel content
 </div>
 <div class="panel-footer">Panel footer</div>
</div>
```

4. 带标题和页脚的面版

通过 panel-heading 添加标题容，panel-title 添加标题，panel-footer 添加注脚。运行效果如图 1-27 所示。

标题

面板内容

面板脚注

图 1-27

以上运行效果的实现代码如下：

```
<div class="panel panel-default">
    <div class="panel-heading">
        <h3 class="panel-title">
            带有 title 的面版标题
        </h3>
    </div>
    <div class="panel-body">
        面版内容
    </div>
    <div class="panel-footer">面版脚注</div>
```

5. 情景效果

由于.panel 样式并没有对主题颜色进行样式设置，Bootstrap 框架中的面版组件除了默认的主题（.panel-default）样式，还包括以下几种主题样式，如表 1-1 所示。

表 1-1

类　　名（样式）	颜　　色
.panel-primary:重点	蓝色
.panel-success:成功	绿色
.panel-info:信息	蓝色（浅的）
.panel-warning:警告	黄色
.panel-danger:危险	红色

这几个样式只是改变了面版的背景色、文本和边框色。使用方法很简单，只需在.panel 的类名上追加需要的主题类名。运行效果如图 1-28 所示。

图 1-28

以上运行效果的实现代码如下：

```
<div class="panel panel-primary">...</div>
<div class="panel panel-success">...</div>
<div class="panel panel-info">...</div>
<div class="panel panel-warning">...</div>
<div class="panel panel-danger">...</div>
```

6. 带表格的面版

一般情况下可以把面版理解为一个区域，在使用面版的时候，都会在.panel-body 的容器中放置需要的内容，里面的内容可能是图片、表格、列表等；可以为面版中不需要边框的表格添加.tablc 类，使整个面版看上去更像是一个整体设计。来看看面版中嵌套表格和列表组的效果，如果是带有.panel-body 的面版，我们在表格的上方添加一个边框，看上去有分隔效果。运行效果如图 1-29 所示。

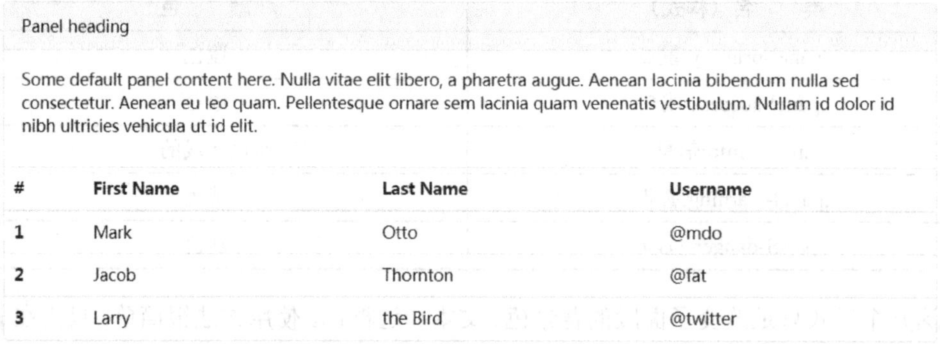

Panel heading			
Some default panel content here. Nulla vitae elit libero, a pharetra augue. Aenean lacinia bibendum nulla sed consectetur. Aenean eu leo quam. Pellentesque ornare sem lacinia quam venenatis vestibulum. Nullam id dolor id nibh ultricies vehicula ut id elit.			
#	First Name	Last Name	Username
1	Mark	Otto	@mdo
2	Jacob	Thornton	@fat
3	Larry	the Bird	@twitter

图 1-29

以上运行效果的实现代码如下：

```
<div class="panel panel-default">
  <!-- Default panel contents -->
  <div class="panel-heading">Panel heading</div>
  <div class="panel-body">
    <p>...</p>
  </div>

  <!-- Table -->
  <table class="table">
    ...
  </table>
</div>
```

注意：在实际运用中，或许表格和面版边缘之间不需要任何的间距，但.panel-body 设置了一个 padding:15px 的值，为了实现这样的效果，可以在实际使用的时候把 table 提取到 panel-body 外面。如果没有.panel-body，面版标题会和表格连接起来，没有空隙。运行效果如图 1-30 所示。

Panel heading			
#	First Name	Last Name	Username
1	Mark	Otto	@mdo
2	Jacob	Thornton	@fat
3	Larry	the Bird	@twitter

图 1-30

以上运行效果的实现代码如下：

```
<div class="panel panel-default">
  <!-- Default panel contents -->
  <div class="panel-heading">Panel heading</div>

  <!-- Table -->
  <table class="table">
    ...
  </table>
</div>
```

7. 带列表组的面版

可以简单地在任何面版中加入具有最大宽度的列表组。运行效果如图 1-31 所示。

Panel heading
Some default panel content here. Nulla vitae elit libero, a pharetra augue. Aenean lacinia bibendum nulla sed consectetur. Aenean eu leo quam. Pellentesque ornare sem lacinia quam venenatis vestibulum. Nullam id dolor id nibh ultricies vehicula ut id elit.
Cras justo odio
Dapibus ac facilisis in
Morbi leo risus
Porta ac consectetur ac
Vestibulum at eros

图 1-31

以上运行效果的实现代码如下：

```
<div class="panel panel-default">
  <!-- Default panel contents -->
  <div class="panel-heading">Panel heading</div>
  <div class="panel-body">
    <p>...</p>
  </div>

  <!-- List group -->
  <ul class="list-group">
    <li class="list-group-item">Cras justo odio</li>
    <li class="list-group-item">Dapibus ac facilisis in</li>
```

```
    <li class="list-group-item">Morbi leo risus</li>
    <li class="list-group-item">Porta ac consectetur ac</li>
    <li class="list-group-item">Vestibulum at eros</li>
  </ul>
</div>
```

注意：面版嵌套与列表组嵌套表格一样，如果不需要这样的间距，完全可以把列表组从.panel-body中提取出来。

1.3.6　Bootstrap 组件——媒体对象

媒体对象是一类具有特殊版式的组件，用来设计图文混排的效果，它们多是由一幅向左或向右浮动的图像和一些文本构成的。媒体对象可以包含图片、视频或音频等媒体，以达到对象和文本组合显示的样式效果。

这里主要讲解 Bootstrap 官方网站（https://v3.bootcss.com/components/#media）中的实例。

1. 媒体对象组件应用效果

运行效果如图 1-32 所示。

Media heading
Cras sit amet nibh libero, in gravida nulla. Nulla vel metus scelerisque ante sollicitudin commodo. Cras purus odio, vestibulum in vulputate at, tempus viverra turpis. Fusce condimentum nunc ac nisi vulputate fringilla. Donec lacinia congue felis in faucibus.

Nested media heading
Cras sit amet nibh libero, in gravida nulla. Nulla vel metus scelerisque ante sollicitudin commodo. Cras purus odio, vestibulum in vulputate at, tempus viverra turpis. Fusce condimentum nunc ac nisi vulputate fringilla. Donec lacinia congue felis in faucibus.

Media heading
Cras sit amet nibh libero, in gravida nulla. Nulla vel metus scelerisque ante sollicitudin commodo. Cras purus odio, vestibulum in vulputate at, tempus viverra turpis.

Media heading
Cras sit amet nibh libero, in gravida nulla. Nulla vel metus scelerisque ante sollicitudin commodo. Cras purus odio, vestibulum in vulputate at, tempus viverra turpis. Fusce condimentum nunc ac nisi vulputate fringilla. Donec lacinia congue felis in faucibus.

Media heading
Cras sit amet nibh libero, in gravida nulla. Nulla vel metus scelerisque ante sollicitudin commodo. Cras purus odio, vestibulum in vulputate at, tempus viverra turpis. Fusce condimentum nunc ac nisi vulputate fringilla. Donec lacinia congue felis in faucibus.

Media heading
Cras sit amet nibh libero, in gravida nulla. Nulla vel metus scelerisque ante sollicitudin commodo. Cras purus odio, vestibulum in vulputate at, tempus viverra turpis. Fusce condimentum nunc ac nisi vulputate fringilla. Donec lacinia congue felis in faucibus.

Media heading
Cras sit amet nibh libero, in gravida nulla. Nulla vel metus scelerisque ante sollicitudin commodo. Cras purus odio, vestibulum in vulputate at, tempus viverra turpis. Fusce condimentum nunc ac nisi vulputate fringilla. Donec lacinia congue felis in faucibus.

图 1-32

2. 实现代码

以上运行效果的实现代码如下：

```
<div class="container">
        <div class="media">
            <a href="#" class="media-left">
                <img src="images/header.jpg" alt="头像" width="64"/>
            </a>
            <div class="media-body">
                <h4 class="media-heading">Media heading</h4>
```

```
            <p> …</p>
            <div class="media">
                <a href="#" class="media-left">
                    <img src="images/header.jpg" alt="头像" width="64"/>
                </a>
                <div class="media-body">
                    <h4 class="media-heading">Nested media heading</h4>
                    <p>…</p>
                </div>
            </div>
        </div>
    </div>
    <div class="media">
    <div class="media-body">
        <h4 class="media-heading">Media heading</h4>
        <p>…</p>
    </div>
    <a href="#" class="media-right">
        <img src="images/header.jpg" alt="头像" width="64"/>
    </a>
</div>
<div class="media">
    <a href="#" class="media-left media-middle">
        <img src="images/header.jpg" alt="头像" width="64"/>
    </a>
    <div class="media-body">
        <h4 class="media-heading">Media heading</h4>
        <p>…/p>
    </div>
</div>
 <div class="media">
    <a href="#" class="media-left media-bottom">
        <img src="images/header.jpg" alt="头像" width="64"/>
    <div class="media-body">
        <h4 class="media-heading">Media heading</h4>
        <p>…</p>
    </div>
</div>
<ul class="media-list">
    <li class="media">
        <a href="#" class="media-left">
            <img src="images/header.jpg" alt="头像" width="64"/>
        </a>
        <div class="media-body">
            <h4 class="media-heading">Media heading</h4>
            <p>…</p>
        </div>
    </li>
    <li class="media">
        <a href="#" class="media-left">
            <img src="images/header.jpg" alt="头像" width="64"/>
        </a>
        <div class="media-body">
```

```
                        <h4 class="media-heading">Media heading</h4>
                        <p>…</p>
                </div>
        </li>
        <li class="media">
    <a href="#" class="media-left">
                    <img src="images/header.jpg" alt="头像" width="64"/>
                </a>
                <div class="media-body">
 <h4 class="media-heading">Media heading</h4>
                    <p>…</p>
                </div>
        </li>
    </ul>
</div>
```

3. 代码分析

Bootstrap 提供了两种类型的媒体对象：媒体（.media）和媒体列表（.media-list）。媒体用来展示单个对象，媒体列表用来展示多个对象。

默认情况下，媒体由一个向左或向右浮动的媒体对象（图像、视频、音频等）和媒体内容构成。在一个媒体中，可以嵌套另一个媒体。

在 HTML 结构中，一个媒体由三部分组成：.media 创建媒体容器，.media-object 创建媒体对象，.media-body 创建媒体内容（其中，由.media-heading 创建媒体的标题）。

① .media——指定该元素包裹的媒体对象组件。

② .media-left——设置媒体对象的多媒体内容居左。

③ .media-right——设置媒体对象的多媒体内容居右。

④ .media-middle——设置媒体对象的多媒体内容上下居中。

⑤ .media-bottom——设置媒体对象的多媒体内容位于底部。

⑥ .media-body——设置媒体对象的文本内容部分。

⑦ .meida-heading——设置 h4 元素为文本内容的标题。

⑧ .media-list——用来设置包裹媒体对象的列表元素。

1.3.7　Bootstrap 组件——字体图标

Bootstrap 提供了 263 种字体图标，可以满足大部分的图标需求。所有的字体图标请在 Bootstrap 官方网站（https://v3.bootcss.com/components/#glyphicons）上查看。

1. 使用方法和注意事项

为了能够正常使用 bootstrap.min.css 文件的上一级目录，必须要有…/fonts/目录。

出于性能的考虑，所有图标都需要一个基类和对应每个图标的类。注意，为了设置正确的内补（padding），务必在图标和文本之间添加一个空格。

（1）不要和其他组件混合使用

图标类不能在同一个元素上与其他类共同存在。应该创建一个嵌套的<span>标签，并将图标类应用到这个<span>标签上。

（2）只对内容为空的元素起作用

图标类只能应用在不包含任何文本内容或子元素的元素上。

（3）改变图标字体文件的位置

Bootstrap 假定所有的图标字体文件全部位于../fonts/目录内，如果修改了图标字体文件的位置，那么，需要通过下面列出的任何一种方式来更新 CSS 文件：

① 在 Less 源码文件中修改@icon-font-path 和（或）@icon-font-name 变量。

② 利用 Less 编译器提供的相对 url 地址选项。

③ 修改预编译 CSS 文件中的 url 地址。

（4）图标的可访问性

现代辅助技术能够识别并朗读由 CSS 生成的内容和特定的 Unicode 字符。为了避免屏幕识读设备抓取非故意的和可能产生混淆的输出内容（尤其是当图标纯粹作为装饰用途时），我们为这些图标设置了 aria-hidden="true"属性。

如果使用图标是为了表达某些含义（不仅为了装饰用），请确保所要表达的内容能够被辅助设备识别，例如，包含额外的内容并通过.sr-only 类让其在视觉上表现出隐藏的效果。

如果你所创建的组件不包含任何文本内容（例如，<button> 内只包含了一个图标），应当提供其他的内容来表示这个控件的意图，这样就能让使用辅助设备的用户知道其作用了。在这种情况下，可以为控件添加 aria-label 属性。

2. 字体图标显示效果

字体图标显示效果如图 1-33 所示。

图 1-33

3. 实现代码

以上运行效果的实现代码如下：

```
<button type="button" class="btn btn-default" aria-label="Left Align">
  <span class="glyphicon glyphicon-align-left" aria-hidden="true"></span>
</button>

<button type="button" class="btn btn-default btn-lg">
  <span class="glyphicon glyphicon-star" aria-hidden="true"></span> Star
</button>
```

4. 代码分析

① 一个字体图标的实现方法，使用类 class：glyphicon glyphicon-asterisk。

```
<span class="glyphicon glyphicon-asterisk"></span>
```

示例代码如下：

```
<!DOCTYPE html>
<script src="js/jquery/2.0.0/jquery.min.js"></script>
<link href="css/bootstrap/3.3.6/bootstrap.min.css" rel="stylesheet">
<script src="js/bootstrap/3.3.6/bootstrap.min.js"></script>
<span class="glyphicon glyphicon-asterisk"></span>
```

② 为字体图标设置颜色。加一个文本类 text-success，实现代码如下：

```
<span class="glyphicon glyphicon-asterisk text-success"></span>
```

示例代码如下：

```
<!DOCTYPE html>
<script src="js/jquery/2.0.0/jquery.min.js"></script>
<link href="css/bootstrap/3.3.6/bootstrap.min.css" rel="stylesheet">
<script src="js/bootstrap/3.3.6/bootstrap.min.js"></script>
<span class="glyphicon glyphicon-asterisk text-success"></span>
```

③ 为字体图标加超链接。在 span 外面套一个 a 标签，实现代码如下：

```
<a href="#nowhere">
    <span class="glyphicon glyphicon-asterisk"></span> 连接
</a>
```

示例代码如下：

```
<!DOCTYPE html>
<script src="js/jquery/2.0.0/jquery.min.js"></script>
<link href="css/bootstrap/3.3.6/bootstrap.min.css" rel="stylesheet">
<script src="js/bootstrap/3.3.6/bootstrap.min.js"></script>
<a href="#nowhere">
<span class="glyphicon glyphicon-asterisk"></span> 链接
</a>
```

④ 在 button 上使用字体图标，在 span 外面套一个 button 标签，实现代码如下：

```
<button class="btn btn-primary btn">
    <span class="glyphicon glyphicon-asterisk"></span> 按钮
</button>
```

示例代码如下：

```
<!DOCTYPE html>
<script src="js/jquery/2.0.0/jquery.min.js"></script>
<link href="css/bootstrap/3.3.6/bootstrap.min.css" rel="stylesheet">
```

```
<script src="js/bootstrap/3.3.6/bootstrap.min.js"></script>
 <button class="btn btn-primary btn-xs">
  <span class="glyphicon glyphicon-asterisk"></span> 最小按钮
</button>
<button class="btn btn-primary btn">
  <span class="glyphicon glyphicon-asterisk"></span> 按钮
</button>
```

1.3.8 Bootstrap 组件——分页

Bootstrap 框架中提供了网站或应用显示页码的分页组件，以及简单的翻页组件。在 Bootstrap 框架中使用.pagination 类来实现分页，使用.pager 类定义一个翻页组件。

这里主要讲解 Bootstrap 官方网站（https://v3.bootcss.com/components/#pagination）中的实例。

1. 默认的分页效果

① 默认的分页效果如图 1-34 所示。

1.默认的分页

图 1-34

② 以上运行效果的实现代码如下：

```
<div class="container">
        <h2>1.默认的分页</h2>
        <ul class="pagination">
                <li><a href="#">&laquo;</a>
                </li>
                <li><a href="#">1</a>
                </li>
                <li><a href="#">2</a>
                </li>
                <li><a href="#">3</a>
                </li>
                <li><a href="#">4</a>
                </li>
                <li><a href="#">5</a>
                </li>
                <li><a href="#">&raquo;</a>
                </li>
        </ul>
</div>
```

2. 分页的状态效果

① 分页的状态效果如图 1-35 所示。

2.分页的状态

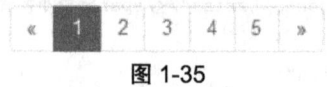

图 1-35

② 以上运行效果的实现代码如下：

```
<div class="container">
    <h2>2.分页的状态</h2>
    <ul class="pagination">
        <li><a href="#">&laquo;</a>
        </li>
        <li class="active"><a href="#">1</a>
        </li>
        <li class="disabled"><a href="#">2</a>
        </li>
        <li><a href="#">3</a>
        </li>
        <li><a href="#">4</a>
        </li>
        <li><a href="#">5</a>
        </li>
        <li><a href="#">&raquo;</a>
        </li>
    </ul>
</div>
```

3. 分页的大小效果

① 分页的大小效果如图 1-36 所示。

3.分页的大小

大分页

默认分页   小分页

图 1-36

② 以上运行效果的实现代码如下：

```
<div class="container" style="padding:20px">
    <h2>3.分页的大小</h2>
    <div class="pull-left">
        <h4>大分页</h4>
        <ul class="pagination pagination-lg">
            <li><a href="#">&laquo;</a>
            </li>
```

```
        <li class="active"><a href="#">1</a>
        </li>
        <li class="disabled"><a href="#">2</a>
        </li>
        <li><a href="#">3</a>
        </li>
        <li><a href="#">4</a>
        </li>
        <li><a href="#">5</a>
        </li>
        <li><a href="#">&raquo;</a>
        </li>
    </ul>
</div>
<div class="pull-left">
    <h4>默认分页</h4>
    <ul class="pagination">
        <li><a href="#">&laquo;</a>
        </li>
        <li class="active"><a href="#">1</a>
        </li>
        <li class="disabled"><a href="#">2</a>
        </li>
        <li><a href="#">3</a>
        </li>
        <li><a href="#">4</a>
        </li>
        <li><a href="#">5</a>
        </li>
        <li><a href="#">&raquo;</a>
        </li>
    </ul>
</div>
<div class="pull-left">
    <h4>小分页</h4>
    <ul class="pagination pagination-sm">
        <li><a href="#">&laquo;</a>
        </li>
        <li class="active"><a href="#">1</a>
        </li>
        <li class="disabled"><a href="#">2</a>
        </li>
        <li><a href="#">3</a>
        </li>
        <li><a href="#">4</a>
        </li>
        <li><a href="#">5</a>
        </li>
        <li><a href="#">&raquo;</a>
```

```
        </li>
    </ul>
  </div>
</div>
```

4. 翻页效果

① 翻页效果如图 1-37 所示。

4.翻页Pager

上一页 1 2 3 4 5 下一页

图 1-37

② 以上运行效果的实现代码如下：

```
<div class="container">
    <h2>4.翻页 Pager</h2>
    <ul class="pager">
        <li><a href="#">上一页</a>
        </li>
        <li class="active"><a href="#">1</a>
        </li>
        <li class="disabled"><a href="#">2</a>
        </li>
        <li><a href="#">3</a>
        </li>
        <li><a href="#">4</a>
        </li>
        <li><a href="#">5</a>
        </li>
        <li><a href="#">下一页</a>
        </li>
    </ul>
</div>
```

5. 翻页对齐方式

① 翻页对齐方式如图 1-38 所示。

5.翻页对齐方式

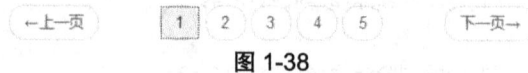

←上一页   1 2 3 4 5   下一页→

图 1-38

② 以上运行效果的实现代码如下：

```
<div class="container">
    <h2>5.翻页对齐方式</h2>
    <ul class="pager">
        <li class="previous"><a href="#">&larr;上一页</a>
        </li>
        <li class="active"><a href="#">1</a>
```

```
        </li>
        <li class="disabled"><a href="#">2</a>
        </li>
        <li><a href="#">3</a>
        </li>
        <li><a href="#">4</a>
        </li>
        <li><a href="#">5</a>
        </li>
        <li class="next"><a href="#">下一页&rarr;</a>
        </li>
    </ul>
<div>
```

6. 代码分析

根据 Bootstrap 支持的分页特性，我们对以上五种运行效果的实现中用到的类分析如下：

① pagination 样式：添加该类在页面上显示分页。

② active 样式：默认选中，指向当前的页面。

③ disabled 样式：定义不可单击的链接。

④ pager 样式：添加该类来获得翻页链接。

⑤ previous 样式：把链接向左对齐。

⑤ next 样式：把链接向右对齐。

⑧ pull-left 样式：左浮动。

⑨ pagination-lg 样式：外观大小，大分页。

⑩ pagination-sm 样式：外观大小，小分页。

1.3.9 Bootstrap 组件——缩略图

缩略图用于给图片、视频、文本等加入栅格功能，很适合以网格形式展示图片、视频、商品列表等。

这里主要讲解 Bootstrap 官方网站（https://v3.bootcss.com/components/#thumbnails）中的实例。

1. 基本样式效果

① 默认的缩略图非常简单，只需把图片放在 class="thumbnail" 的<a>标签中即可。默认缩略图效果如图 1-39 所示。

图 1-39

② 以上运行效果的实现代码如下：

```html
<div class="row">
  <div class="col-xs-6 col-md-3">
    <a href="#" class="thumbnail">
      <img src="..." alt="...">
    </a>
  </div>
  ...
</div>
```

2. 缩略图列表

① 如果要定义缩略图的列表，可以使用类为.thumbnails 的<ul>包裹任意数量的<li>元素，并使用.span*来控制缩略图的尺寸，再把上述的<a>标签放到<li>中即可。缩略图列表效果如图 1-40 所示。

图 1-40

② 以上运行效果的实现代码如下：

```html
<ul class="thumbnails">
 <li class="span3">
  <a href="#" class="thumbnail">
  <img src="..." alt="...">
  </a>
 </li>
 ...
</ul>
```

Bootstrap 会给图片加 4px 的内边距和一个灰色边框。而且，当鼠标悬停时，图片四周还会出现动态光晕。

3. 自定义内容

① 如果要在缩略图中自定义 HTML 内容，如添加标题、段落、按钮等，也很简单，只需把上述的<a>标签替换成<div>标签就行了。运行效果如图 1-41 所示。

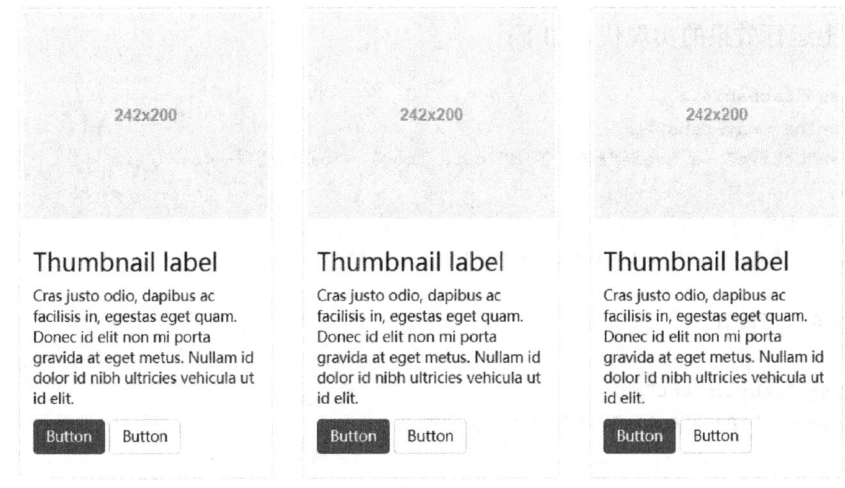

图 1-41

② 以上运行效果的实现代码如下：

```
<ul class="thumbnails">
 <li class="span4">
  <div class="thumbnail">
   <img src=" " alt="">
   <h3>Thumbnail label</h3>
   <p>Thumbnail caption...</p>
  </div>
 </li>
...
</ul>
```

1.3.10 Bootstrap 插件——标签页

标签页是一个经常使用的组件，可以放置较多的内容，又可以节省页面空间。无须写任何 JavaScript 代码，只需要简单地为页面元素指定 data-toggle="tab"，为 url 添加 nav 和 nav-tab class。

这里主要讲解 bootstrap 官方网站（https://v3.bootcss.com/javascript/#tabs）中的实例。

1. 标签页效果

① 标签页效果如图 1-42 所示。

初始化时为下图：

| 选项一 | 选项二 |

文字一

点击选项二如下图：

| 选项一 | 选项二 |

文字二

图 1-42

② 以上运行效果的实现代码如下：

```
1 <div class="tabbable">
2 <ul class="nav nav-tabs">
3 <li class="active"><a href="#第一个id" data-toggle="tab">选项一</a></li>
//第一个选项,
//href 对应第 7 行的 id
4 <li><a href="#第二个id" data-toggle="tab">选项二</a></li>
//第二个选项
 //href 对应第 10 行的 id
 5 </ul>
 6 <div class="tab-content">
 7 <div class="tab-pane active" id="第一个id">
//第一页
 8 文字一
 9 /div>
10 <div class="tab-pane" id="第二个id">
//第二页
11 文字二
12 </div>
13 </div>
14 </div>
```

2. 标签页调用方法

Bootstrap 标签页 Tab 插件需要 bootstrap-tab.js 文件的支持，因此在使用该插件时，应该先导入 jQuery 和 bootstrap-tab.js 文件。

（1）data 属性调用

使用 data 属性调用，无须编写任何 JavaScript 代码，只需定义基本的 HTML 结构即可。

① 首先定义导航结构。所有导航链接的 data-toggle 属性值必须是"tab"，href 属性值为对应内容面版的 id，以便单击标签时，能找到它所对应的内容面版。实现代码如下：

```
<ul class="nav nav-tabs">
  <li class="active"><a href="#tab1" data-toggle="tab">Section 1</a></li>
  <li><a href="#tab2" data-toggle="tab">Section 2</a></li>
  <li><a href="#tab3" data-toggle="tab">Section 3</a></li>
</ul>
```

② 其次定义内容面版。内容面版的 id 要跟标签页的 href 属性值一一对应，并将所有的内容面版都放在一个.tab-content 容器中。实现代码如下：

```
<div class="tab-content">
 <div class="tab-pane active " id="tab1">
  <p>I'm in Section 1.</p>
 </div>
 <div class="tab-pane" id="tab2">
  <p>Howdy, I'm in Section 2.</p>
 </div>
```

```
<div class="tab-pane" id="tab3">
  <p>What up girl, this is Section 3.</p>
</div>
</div>
```

③ Bootstrap 也支持胶囊式的标签导航，只需把"nav-tabs"替换为"nav-pills"，还要把 data-toggle 的"tabs"替换为"pill"即可。实现代码如下：

```
<ul class="nav nav-pills">
 <li class="active"><a href="#tab1" data-toggle="pills">Section 1</a></li>
 <li><a href="#tab2" data-toggle="tab">Section 2</a></li>
 <li><a href="#tab3" data-toggle="tab">Section 3</a></li>
</ul>
```

（2）JavaScript 调用

通过 JavaScript 调用时，需要在每个链接的单击事件中调用 tab('show') 方法，来单独激活每个标签，并显示对应标签的内容框。实现代码如下：

```
<script>
$('#myTab a').click(function (e) {
 e.preventDefault();
 $(this).tab('show');
})
</script>
```

其中，e.preventDefault();表示阻止超链接的默认行为，$(this).tab('show');显示当前标签页对应的内容框。

除此之外，还可以通过多种方式激活标签页，实现代码如下：

```
$('#myTab a[href="#profile"]').tab('show');   // 选择 href="#profile"的标签页
$('#myTab a:first').tab('show');              // 选择第一个标签页
$('#myTab a:last').tab('show');               // 选择最后一个标签页
$('#myTab li:eq(2) a').tab('show');           // 选择第三个标签页 (索引从 0 开始)
```

1.3.11 Bootstrap 全局 CSS 样式——响应式工具

为了加快对移动设备适应的页面的开发工作,利用媒体查询功能并使用这些工具类可以方便地针对不同设备展示或隐藏页面内容。

有针对性地使用这些工具类，可以避免为同一个网站创建完全不同的版本；并且，通过使用这些工具类可以在不同设备上提供不同的展现形式。

响应式工具目前只适用于块或表的切换。这里主要讲解 Bootstrap 官方网站（https://v3.bootcss.com/css/#responsive-utilities）中的实例。

1. 大、中、小、超小型设备的响应式效果

① 大型设备显示效果如图 1-43 所示。

| 特别小型 | 小型 | 中型 | ✓ 在大型设备上可见 |

图 1-43

② 中型设备显示效果如图 1-44 所示。

| 特别小型 | 小型 | ✓ 在中型设备上可见 | 大型 |

图 1-44

③ 小型设备显示效果如图 1-45 所示。

| 特别小型 | ✓ 在小型设备上可见 | 中型 | 大型 |

图 1-45

④ 超小型设备显示效果如图 1-46 所示。

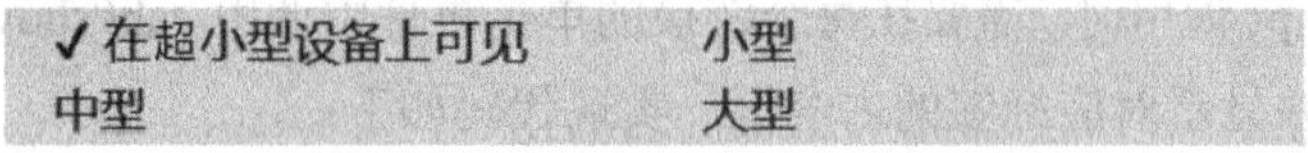

| ✓ 在超小型设备上可见 | 小型 |
| 中型 | 大型 |

图 1-46

2. 实现代码

以上显示效果的实现代码如下：

```
<div class="container" style="padding: 40px;">
        <div class="row">
            <div class="col-xs-6 col-sm-3" style="background-color: #ccc;">
                <span class="hidden-xs">超小型</span>
                <span class="visible-xs">✓ 在超小型设备上可见</span>
            </div>
            <div class="col-xs-6 col-sm-3" style="background-color: #ccc;">
                <span class="hidden-sm">小型</span>
                <span class="visible-sm">✓ 在小型设备上可见</span>
            </div>
            <div class="clearfix visible-xs"></div>
            <div class="col-xs-6 col-sm-3" style="background-color: #ccc;">
                <span class="hidden-md">中型</span>
                <span class="visible-md">✓ 在中型设备上可见</span>
            </div>
            <div class="col-xs-6 col-sm-3" style="background-color: #ccc;">
                <span class="hidden-lg">大型</span>
                <span class="visible-lg">✓ 在大型设备上可见</span>
            </div>
        </div>
</div>
```

3. 代码分析

通过单独或联合使用以下列出的类，可以针对不同屏幕尺寸隐藏或显示页面内容。运行效果如图 1-47 所示。

	超小屏幕 手机 (<768px)	小屏幕 平板 (≥768px)	中屏幕 桌面 (992px)	大屏幕 桌面 (≥1200px)
.visible-xs-*	可见	隐藏	隐藏	隐藏
.visible-sm-*	隐藏	可见	隐藏	隐藏
.visible-md-*	隐藏	隐藏	可见	隐藏
.visible-lg-*	隐藏	隐藏	隐藏	可见
.hidden-xs	隐藏	可见	可见	可见
.hidden-sm	可见	隐藏	可见	可见
.hidden-md	可见	可见	隐藏	可见
.hidden-lg	可见	可见	可见	隐藏

图 1-47

1.4 项目分析

1.4.1 博客首页的实现分析

博客首页的实现主要使用的 Bootstrap 框架有：导航条、栅格系统、列表组、面版、媒体对象、字体图标、定制样式、响应式工具。具体实现分析如图 1-48 所示。

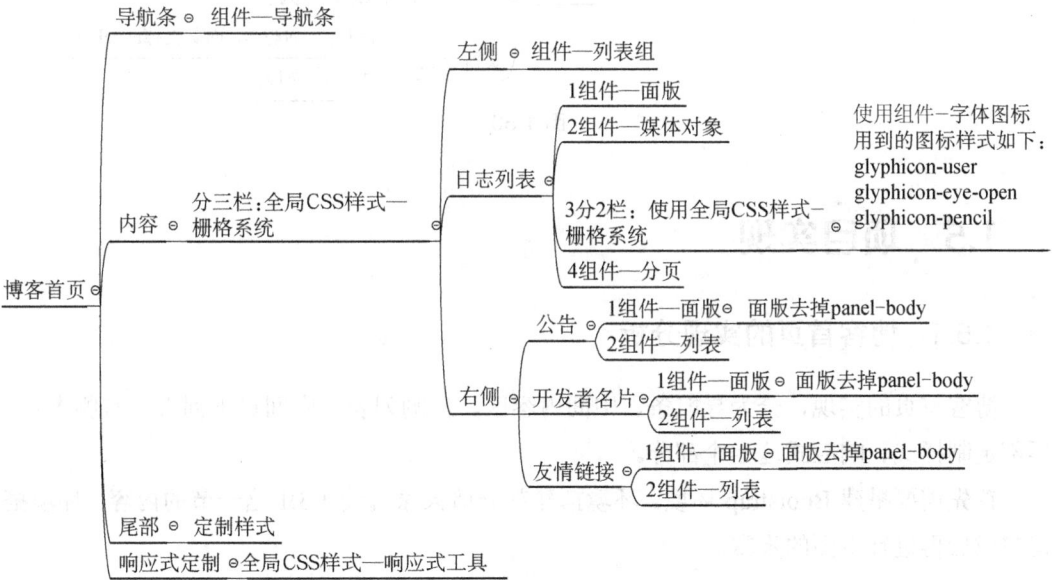

图 1-48

1.4.2 博文列表页面的实现分析

博文列表页面的实现主要使用的 Bootstrap 框架有：导航条、栅格系统、标签页、面版、徽章、定制样式、响应式工具。具体实现分析如图 1-49 所示。

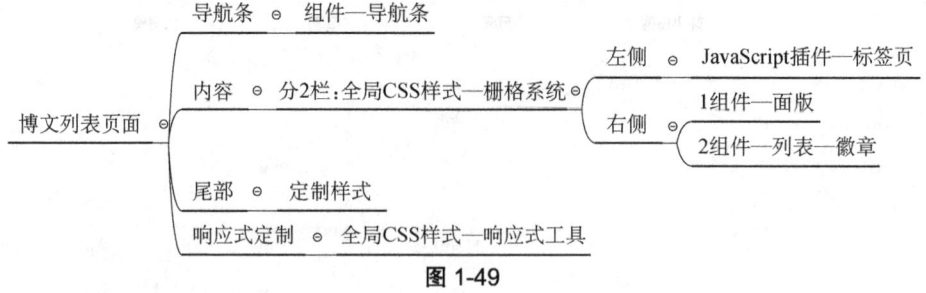

图 1-49

1.4.3 下载中心页面的实现分析

下载中心页面的实现主要使用的 Bootstrap 框架有：导航条、栅格系统、标题、缩略图、标签页、内联表单、面版、列表。具体实现分析如图 1-50 所示。

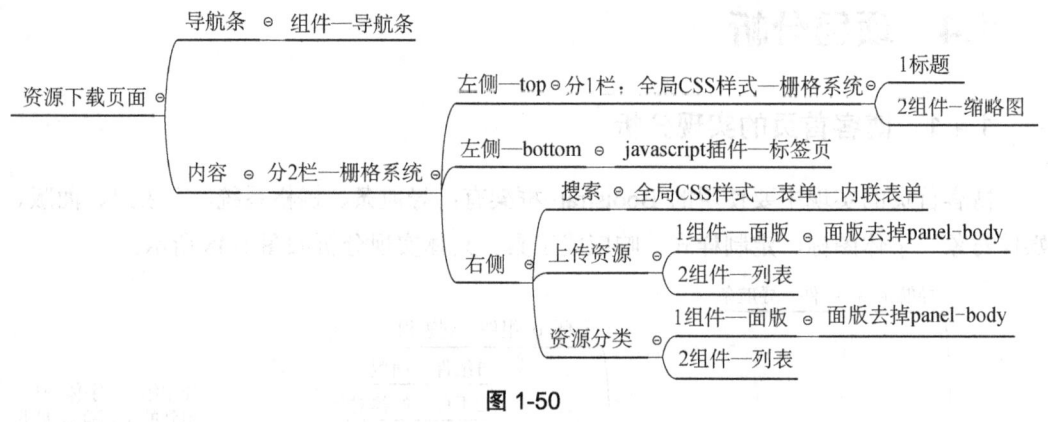

图 1-50

1.5 项目实现

1.5.1 博客首页的实现分析

博客首页的实现，分为导航条、中间内容区、左侧列表、中间日志列表、右侧内容、尾部定制样式、响应式这七个部分。

首先需要搭建 Bootstrap 环境。环境搭建部分请大家阅读 1.3.1 这一节的内容。环境搭建完成后再进行下面的步骤。

1. 导航条的实现

步骤 1：新建 index.html 页面，登录 Bootstrap 官方网站（https://v3.bootcss.com），选择"组件"—"导航条"选项，或者直接在浏览器地址栏中输入 https://v3.bootcss.com/components/#navbar，选择复制代码，如图 1-51 所示。将代码复制到<body>标签中。

实例：

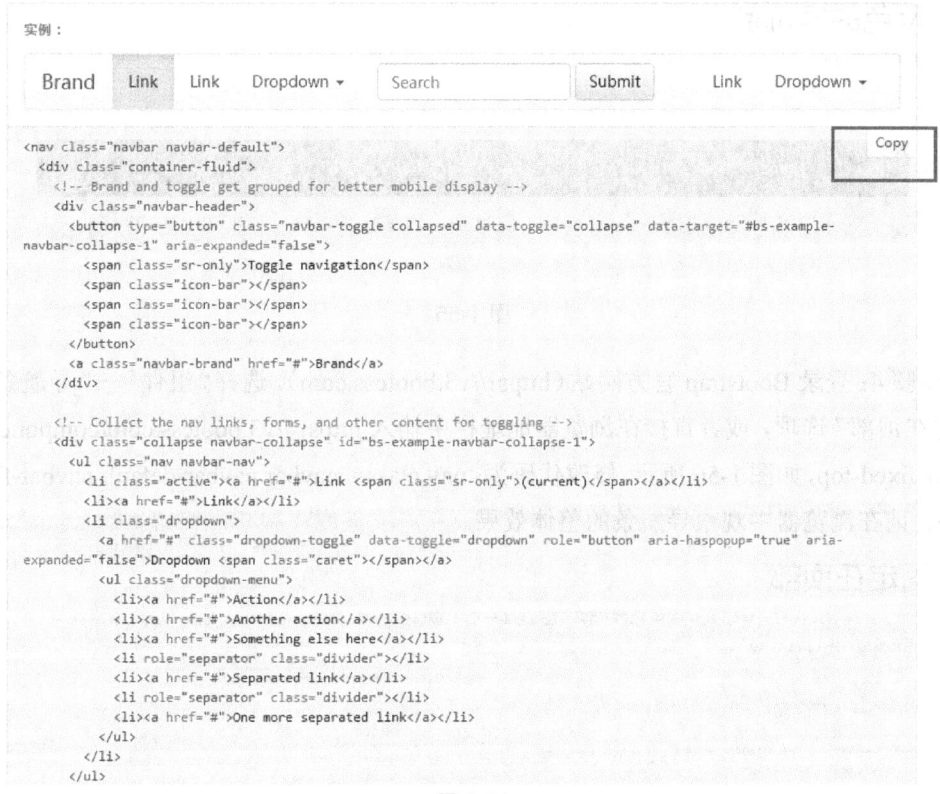

图 1-51

步骤 2：根据图 1-52、图 1-53 和图 1-54 所示的文字内容，修改代码中的文字内容。

图 1-52

图 1-53　　　　　　　　　　　　　　图 1-54

步骤 3：登录 Bootstrap 官方网站（https://v3.bootcss.com），选择"组件"—"导航条"—"反色的导航条"选项，或者直接在浏览器地址栏中输入 https://v3.bootcss.com/components/#navbar-inverted，如图 1-55 所示。修改代码为<nav class="navbar navbar-inverse">，请在浏览器中观察进行效果。

反色的导航条

通过添加 `.navbar-inverse` 类可以改变导航条的外观。

图 1-55

步骤 4：登录 Bootstrap 官方网站（https://v3.bootcss.com），选择"组件"—"导航条"—"固定在顶部"选项，或者直接在浏览器地址栏中输入 https://v3.bootcss.com/components/#navbar-fixed-top，如图 1-56 所示。修改代码为<nav class="navbar navbar-default navbar-fixed-top">。请在浏览器中观察导航条的整体效果。

固定在顶部

添加 `.navbar-fixed-top` 类可以让导航条固定在顶部，还可包含一个 `.container` 或 `.container-fluid` 容器，从而让导航条居中，并在两侧添加内补（padding）。

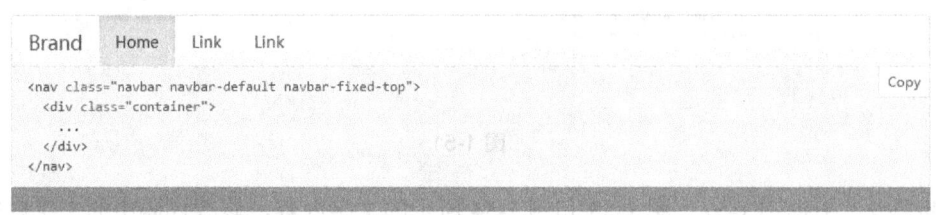

图 1-56

2. 中间内容区的实现

中间内容区如图 1-57 所示。

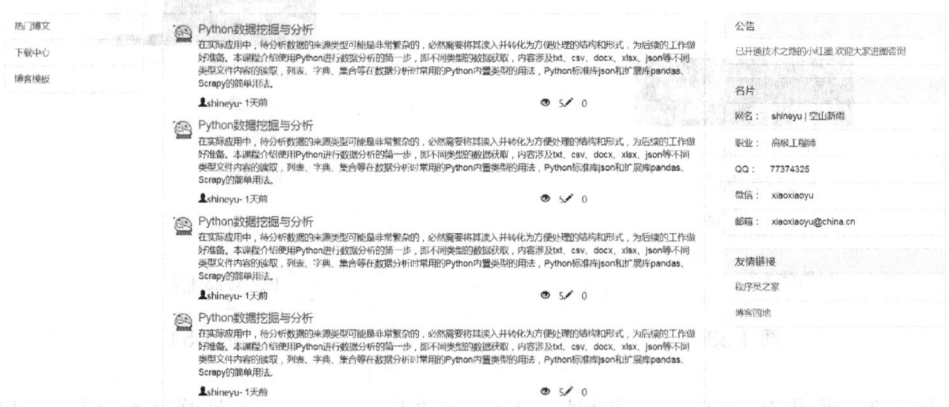

图 1-57

步骤 1：从项目效果图可以看出内容部分需要分成 3 栏。登录 Bootstrap 官方网站（https://v3.bootcss.com），选择"全局 CSS 样式"—"栅格系统"选项，选择 3 栏的代码，如图 1-58 和图 1-59 所示加框的部分。注意：一定要把 row 包在 container 这个类的 div 中。实现代码如下：

```
<div class="container">
 <div class="row">
 ...
 </div>
</div>
```

概览

深入了解 Bootstrap 底层结构的关键部分，包括我们让 web 开发变得更好、更快、更强壮的最佳实践。

HTML5 文档类型

Bootstrap 使用到的某些 HTML 元素和 CSS 属性需要将页面设置为 HTML5 文档类型。在你项目中的每个页面都要参照下面的格式进行设置。

```
<!DOCTYPE html>
<html lang="zh-CN">
 ...
</html>
```

图 1-58

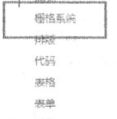

.col-md-4	.col-md-4	.col-md-4
.col-md-6		.col-md-6

```
<div class="row">
 <div class="col-md-1">.col-md-1</div>
 <div class="col-md-1">.col-md-1</div>
 <div class="col-md-1">.col-md-1</div>
 <div class="col-md-1">.col-md-1</div>
 <div class="col-md-1">.col-md-1</div>
 <div class="col-md-1">.col-md-1</div>
 <div class="col-md-1">.col-md-1</div>
 <div class="col-md-1">.col-md-1</div>
 <div class="col-md-1">.col-md-1</div>
 <div class="col-md-1">.col-md-1</div>
 <div class="col-md-1">.col-md-1</div>
 <div class="col-md-1">.col-md-1</div>
</div>
<div class="row">
 <div class="col-md-8">.col-md-8</div>
 <div class="col-md-4">.col-md-4</div>
</div>
<div class="row">
 <div class="col-md-4">.col-md-4</div>
 <div class="col-md-4">.col-md-4</div>
 <div class="col-md-4">.col-md-4</div>
</div>
<div class="row">
 <div class="col-md-6">.col-md-6</div>
 <div class="col-md-6">.col-md-6</div>
</div>
```

图 1-59

步骤 2：修改代码中每栏的宽度，具体代码如下：

```
<div class="container">
 <div class="row">
 <div class="col-md-2">左侧 </div>
 <div class="col-md-7">中间</div>
 <div class="col-md-3">右侧</div>
</div>
</div>
```

步骤 3：将最外面的布局元素.container 修改为.container-fluid，就可以将固定宽度的栅格布局转换为 100%宽度的布局。请大家登录 Bootstrap 官方网站（https://v3.bootcss.com/css/#grid- example-fluid）查看。运行效果如图 1-60 所示。

实例：流式布局容器

将最外面的布局元素 .container 修改为 .container-fluid，就可以将固定宽度的栅格布局转换为 100% 宽度的布局。

```
<div class="container-fluid">                          Copy
  <div class="row">
    ...
  </div>
</div>
```

图 1-60

以上运行效果的实现代码如下：

```
<div class="container-fluid">
 <div class="row">
 <div class="col-md-2">左侧 </div>
 <div class="col-md-7">中间</div>
 <div class="col-md-3">右侧</div>
</div>
</div>
```

3. 左侧列表的实现

左侧列表效果如图 1-61 所示。

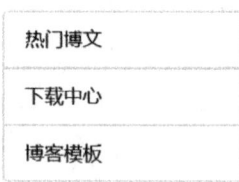

| 热门博文 |
| 下载中心 |
| 博客模板 |

图 1-61

步骤 1：登录 Bootstrap 官方网站（https://v3.bootcss.com），选择"组件"—"列表组"选项，或者直接在浏览器地址栏中输入 https://v3.bootcss.com/components/#list-group，如图 1-62 所示。选择带有超链接的样式，如图 1-63 所示。复制代码到左侧区域。

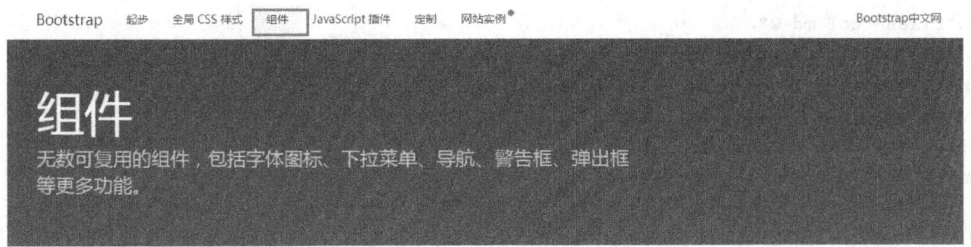

Glyphicons 字体图标

所有可用的图标

包括250多个来自 Glyphicon Halflings 的字体图标。Glyphicons Halflings 一般是收费的，但是他们的作者允许 Bootstrap 免费使用。为了表示感谢，希望你在使用时尽量为 Glyphicons 添加一个友情链接。

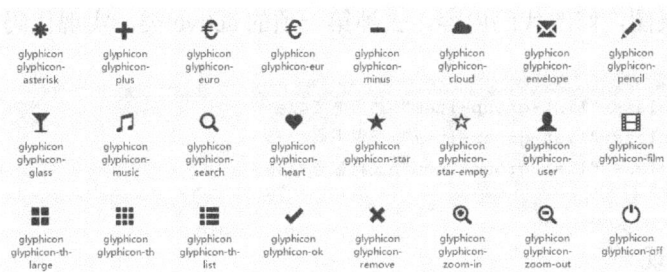

图 1-62

链接

用 `<a>` 标签代替 `<li>` 标签可以组成一个全部是链接的列表组（还要注意的是，我们需要将 `<ul>` 标签替换为 `<div>` 标签）。没必要给列表组中的每个元素都加一个父元素。

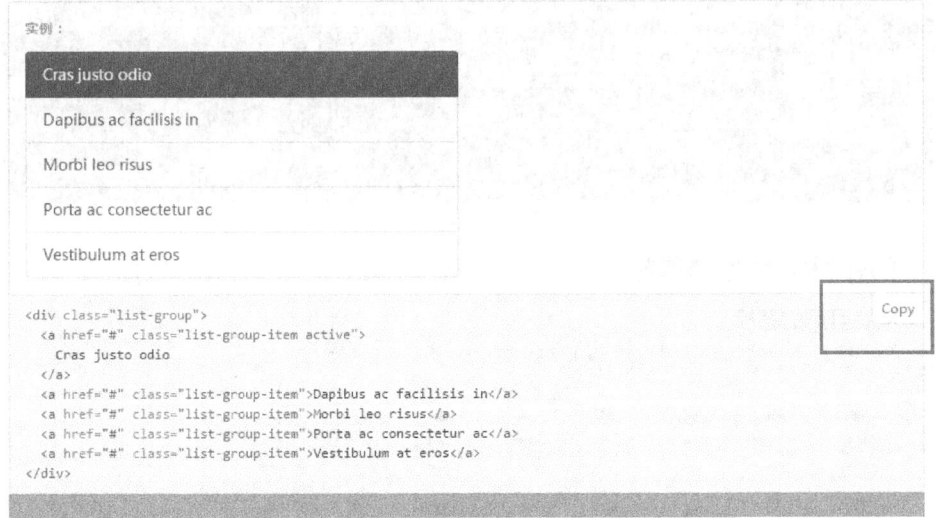

图 1-63

以上运行效果的实现代码如下：

```
<div class="container-fluid">
 <div class="row">
```

```
<div class="col-md-2">
<div class="list-group">
<a href="#" class="list-group-item active"> Cras justo odio </a>
<a href="#" class="list-group-item">Dapibus ac facilisis in</a>
 <a href="#" class="list-group-item">Morbi leo risus</a>
<a href="#" class="list-group-item">Porta ac consectetur ac</a>
<a href="#" class="list-group-item">Vestibulum at eros</a>
</div>
</div>
<div class="col-md-7">中间</div>
<div class="col-md-3">右侧</div>
</div>
</div>
```

步骤 2：根据运行效果图，修改代码内容，去掉第一项的 active 类。实现代码如下：

```
<div class="list-group">
            <a href="#" class="list-group-item">热门博文</a>
            <a href="#" class="list-group-item">资源下载</a>
            <a href="#" class="list-group-item">文档翻译</a>
</div>
```

4. 中间日志列表的实现

步骤 1：登录 Bootstrap 官方网站（https://v3.bootcss.com），选择"组件"—"面版"选项，或者直接在浏览器地址栏中输入 https://v3.bootcss.com/components/#panels，如图 1-64 所示。创建一个面版，复制代码，如图 1-65 所示。

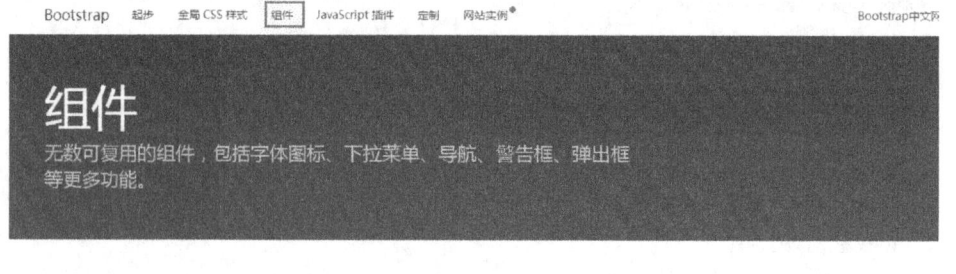

图 1-64

面版

虽然不总是必需的，但是某些时候你可能需要将某些DOM内容放到一个盒子里。对于这种情况，可以试试面板组件。

基本实例

默认的 .panel 组件所做的只是设置基本的边框（border）和内补（padding）来包含内容。

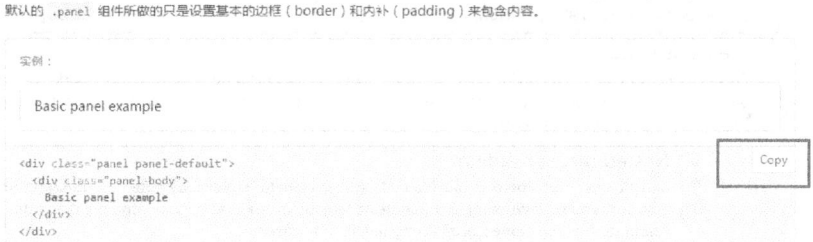

图 1-65

具体代码如下：

```
<div class="col-md-7">
  <div class="panel panel-default">
      <div class="panel-body"> Basic panel example </div>
  </div>
</div>
```

步骤 2：登录 Bootstrap 官方网站（https://v3.bootcss.com），选择"组件"—"媒体对象"选项，或者直接在浏览器地址栏中输入 https://v3.bootcss.com/components/#media，如图 1-66 所示。创建一个媒体对象，复制代码，如图 1-67 所示加框的部分，并根据要实现的效果修改代码。

图 1-66

默认样式

默认样式的媒体对象组件允许在一个内容块的左边或右边展示一个多媒体内容（图像、视频、音频）。

实例：

Media heading
64x64 Cras sit amet nibh libero, in gravida nulla. Nulla vel metus scelerisque ante sollicitudin commodo. Cras purus odio, vestibulum in vulputate at, tempus viverra turpis. Fusce condimentum nunc ac nisi vulputate fringilla. Donec lacinia congue felis in faucibus.

Media heading
64x64 Cras sit amet nibh libero, in gravida nulla. Nulla vel metus scelerisque ante sollicitudin commodo. Cras purus odio, vestibulum in vulputate at, tempus viverra turpis. Fusce condimentum nunc ac nisi vulputate fringilla. Donec lacinia congue felis in faucibus.

Nested media heading
64x64 Cras sit amet nibh libero, in gravida nulla. Nulla vel metus scelerisque ante sollicitudin commodo. Cras purus odio, vestibulum in vulputate at, tempus viverra turpis. Fusce condimentum nunc ac nisi vulputate fringilla. Donec lacinia congue felis in faucibus.

Media heading
Cras sit amet nibh libero, in gravida nulla. Nulla vel metus scelerisque ante sollicitudin commodo. Cras purus odio, vestibulum in vulputate at, tempus viverra turpis. 64x64

Media heading
64x64 Cras sit amet nibh libero, in gravida nulla. Nulla vel metus scelerisque ante sollicitudin commodo. Cras purus odio, vestibulum in vulputate at, tempus viverra turpis. 64x64

```
                                                                    Copy
<div class="media">
  <div class="media-left">
    <a href="#">
      <img class="media-object" src="..." alt="...">
    </a>
  </div>
  <div class="media-body">
    <h4 class="media-heading">Media heading</h4>
    ...
  </div>
</div>
```

图 1-67

修改代码如下：

```
<div class="col-md-7">
        <div class="panel panel-default">
            <div class="panel-body">
             <ul class="media-list">
              <li class="media">
                <div class="media-left">
                  <a href="#">
                    <img class="media-object" src="img/header.jpg" alt="">
                  </a>
                </div>
                <div class="media-body">
<h4 class="media-heading"><a href="#"> Python 数据挖掘与分析</a></h4>
                    <p>在实际应用中，待分析数据的来源类型可能是非常复杂的......</p>
                </div>
              </li>
            </ul>
        </div>
    </div>
</div>
```

步骤 3：登录 Bootstrap 官方网站（https://v3.bootcss.com），选择"全局 CSS 样式"—"栅格系统"选项，或者直接在浏览器地址栏中输入 https://v3.bootcss.com/css/#grid，分 2 栏。并根据如图 1-68 所示的效果图修改代码内容。

 shineyu- 1天前   5 0

图 1-68

修改代码如下：

```
<div class="row">
                <div class="col-md-8">shineyu- 1 天前</div>
                <div class="col-md-4">0</div>
</div>
```

步骤 4：登录 Bootstrap 官方网站（https://v3.bootcss.com），选择"组件"—"Glyphicons 字体图标"选项，或者直接在浏览器地址栏中输入 https://v3.bootcss.com/components/#glyphicons，选择合适的字体图标，如图 1-69 所示。

注意：这里需要的字体图标为 glyphicon-user、glyphicon-eye-open、glyphicon-pencil。字体图标必须放在<span>标签中。

图 1-69

实现代码如下：

```
<div class="row">
    <div class="col-md-8">
    <span class="glyphicon glyphicon-user"></span>shineyu- 1天前</div>
  <div class="col-md-4">
<span class="glyphicon glyphicon-eye-open"></span>5<span class="glyphicon glyphicon-pencil">
</span>0</div>
</div>
```

步骤 5：复制多个媒体对象的内容代码，具体代码如下：

```
<div class="col-md-7">
        <div class="panel panel-default">
            <div class="panel-body">
            <ul class="media-list">
             <li class="media">
              <div class="media-left">
                <a href="#">
                  <img class="media-object" src="img/header.jpg" alt="">
                </a>
              </div>
              <div class="media-body">
                <h4 class="media-heading"><a href="#"> Python 数据挖掘与分析</a></h4>
                <p>在实际应用中，待分析数据的来源类型可能是非常复杂的……</p>
                <div class="row">
                  <div class="col-md-8"><span class="glyphicon glyphicon-user"></span>
shineyu- 1天前</div>
                  <div class="col-md-4"><span class="glyphicon glyphicon-eye-open"></
span> 5 <span class="glyphicon glyphicon-pencil"></span>0</div>
                </div>
              </div>
            </li>
            <li class="media">
              <div class="media-left">
                <a href="#">
                  <img class="media-object" src="img/header.jpg" alt="">
                </a>
              </div>
              <div class="media-body">
               <h4 class="media-heading"><a href="#"> Python 数据挖掘与分析</a></h4>
                <p>在实际应用中，待分析数据的来源类型可能是非常复杂的……</p>
                <div class="row">
                    <div  class="col-md-8"><span  class="glyphicon  glyphicon-user"></
span>shineyu- 1天前</div>
                    <div class="col-md-4"><span class="glyphicon glyphicon-eye-open"></
span> 5 <span class="glyphicon glyphicon-pencil"></span>0</div>
                </div>
              </div>
            </li>
        </ul>
          </div>
      </div>
</div>
```

步骤 6：登录 Bootstrap 官方网站（https://v3.bootcss.com），选择"组件"—"分页"选项，或者直接在浏览器地址栏中输入 https://v3.bootcss.com/components/#pagination，如图 1-70 所示。选择一种合适的分页样式，如图 1-71 所示。

图 1-70

图 1-71

具体代码如下:

```
<div class="bs-example" data-example-id="disabled-active-pagination">
          <nav aria-label="...">
          <ul class="pagination">
              <li class="disabled"><a href="#" aria-label="Previous"><span aria-hidden=
"true">«</span></a></li>
              <li class="active"><a href="#">1 <span class="sr-only">(current)</span>
</a></li>
              <li><a href="#">2</a></li>
              <li><a href="#">3</a></li>
              <li><a href="#">4</a></li>
              <li><a href="#">5</a></li>
              <li><a href="#" aria-label="Next"><span aria-hidden="true">»</span></a>
</li>
          </ul>
          </nav>
      </div>
```

5. 右侧内容的实现

步骤 1：公告的实现。登录 Bootstrap 官方网站（https://v3.bootcss.com），选择"组件"—"面版"—"带有标题的面版"选项，或者直接在浏览器地址栏中输入 https://v3.bootcss.com/components/# panels，如图 1-72 所示。

带标题的面版

通过 .panel-heading 可以很简单地为面板加入一个标题容器。你也可以通过添加设置了 .panel-title 类的 <h1> - <h6> 标签，添加一个预定义样式的标题。不过，<h1> - <h6> 标签的字体大小将被 .panel-heading 的样式所覆盖。

为了给链接设置合适的颜色，务必将链接放到带有 .panel-title 类的标题标签内。

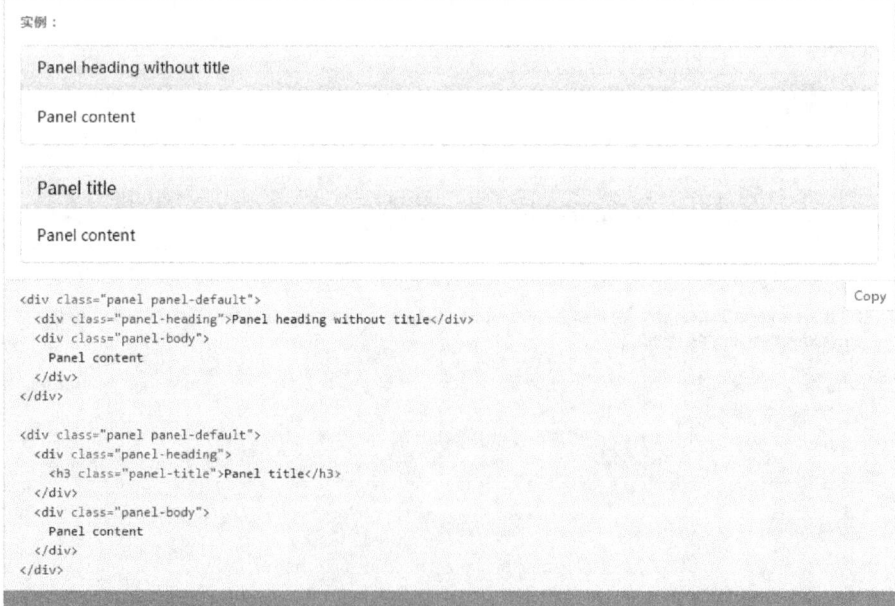

图 1-72

具体代码如下:

```
<div class="col-md-3">
    <div class="panel panel-default">
        <div class="panel-heading">
            <h3 class="panel-title">Panel title</h3>
        </div>
        <div class="panel-body"> Panel content
        </div>
    </div>
</div>
```

步骤 2:登录 Bootstrap 官方网站（https://v3.bootcss.com），选择"组件"—"列表组"—"带有标题的面版"选项，或者直接在浏览器地址栏中输入 https：//v3.bootcss.com/components/#list-group。复制代码，并根据效果图修改代码。修改代码如下:

```
<div class="col-md-3">
    <div class="panel panel-default">
        <div class="panel-heading">
            <h3 class="panel-title">公告</h3>
        </div>
        <div class="panel-body"> Panel content
        </div>
        <ul class="list-group">
            <li class="list-group-item"><a href="#">发表文章现金奖励</a></li>
        </ul>
    </div>
</div>
```

步骤 3:去掉.panel-body，面版标题会和表格连接起来，没有空隙。实现代码如下:

```
<div class="col-md-3">
    <div class="panel panel-default">
        <div class="panel-heading">
            <h3 class="panel-title">公告</h3>
        </div>
        <ul class="list-group">
            <li class="list-group-item"><a href="#">发表文章现金奖励</a></li>
        </ul>
    </div>
</div>
```

步骤 4:名片和友情链接的实现步骤与公告类似，这里就不详细介绍了，具体实现分析如图 1-73 所示。

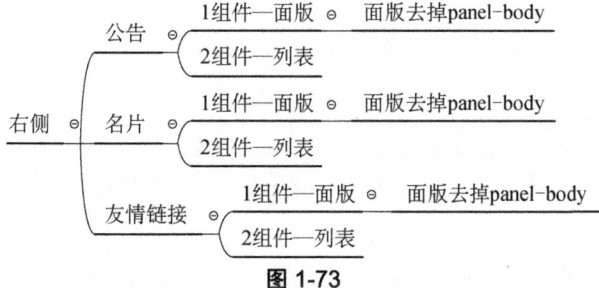

图 1-73

6. 尾部定制样式的实现

步骤1：尾部的 HTML 结构代码如下：

```
<div class="container-fluid footer">
    <div class="row">
      <div class="col-md-12">
        Copyright ©<a href=""> SHINE 博客</a> | ICP 备 111 号-2
      </div>
    </div>
</div>
```

步骤2：新建一个 index.css 样式，引入样式，代码如下：

```
<link href="css/index1.css" rel="stylesheet">
```

步骤3：自定义的 index.css 样式代码如下：

```
.footer {
    background: #111;
    font-size: 13px;
    text-align: center;
    color: #555555;
    padding-top: 28px;
    padding-bottom: 28px;
    border-top: 1px solid #303030;
}
```

7. 响应式的实现

步骤1：登录 Bootstrap 官方网站（https://v3.bootcss.com），选择"全局 CSS 样式"—"响应式工具"选项，或者直接在浏览器地址栏中输入 https://v3.bootcss.com/css/#responsive-utilities，如图 1-74 和图 1-75 所示。

图 1-74

响应式工具

为了加快对移动设备更友好的页面开发工作，利用媒体查询功能并使用这些工具类可以方便地针对不同设备展示或隐藏页面内容。另外还包含了针对打印机显示或隐藏内容的工具类。

有针对性的使用这类工具类，从而避免为同一个网站创建完全不同的版本。相反，通过使用这些工具类可以在不同设备上提供不同的展现形式。

可用的类

通过单独或联合使用以下列出的类，可以针对不同屏幕尺寸隐藏或显示页面内容。

	超小屏幕 手机 (<768px)	小屏幕 平板 (≥768px)	中屏幕 桌面 (≥992px)	大屏幕 桌面 (≥1200px)
.visible-xs-*	可见	隐藏	隐藏	隐藏
.visible-sm-*	隐藏	可见	隐藏	隐藏
.visible-md-*	隐藏	隐藏	可见	隐藏
.visible-lg-*	隐藏	隐藏	隐藏	可见
.hidden-xs	隐藏	可见	可见	可见
.hidden-sm	可见	隐藏	可见	可见
.hidden-md	可见	可见	隐藏	可见
.hidden-lg	可见	可见	可见	隐藏

图 1-75

步骤 2：在手机端要隐藏右侧的名片和友情链接。实现代码如下：

```
<div class="panel panel-default hidden-xs">
<div class="panel panel-default hidden-xs">
```

1.5.2 博文列表页面的实现分析

博文列表页面的导航条、尾部、响应式制作与首页一样，这里就不再详细介绍了，复制相同的功能代码即可。这里只讲解内容部分的实现步骤，具体实现分析如图 1-76 所示。

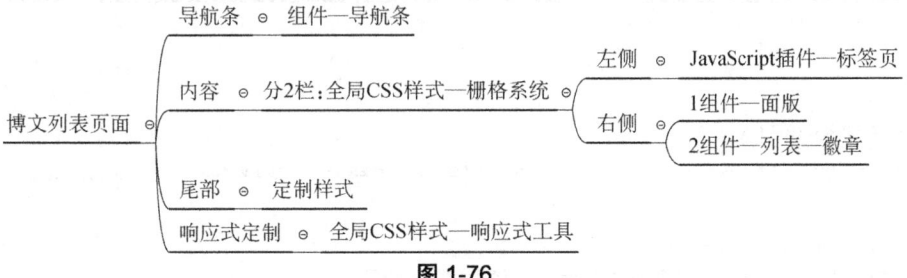

图 1-76

步骤 1：新建 document.html 页面。内容部分分 2 栏。登录 Bootstrap 官方网站（https://v3.bootcss.com），选择"全局 CSS 样式"—"栅格系统"选项，或者直接在浏览器地址栏中输入 https://v3.bootcss.com/css/#grid。实现代码如下：

```
<div class="container-fluid content">
```

```
<div class="row">
        <div class="col-md-9"></div>
        <div class="col-md-3"></div>
</div>
</div>
```

步骤 2：内容部分左侧的效果如图 1-77 所示。登录 Bootstrap 官方网站（https://v3. bootcss.com），选择"JavaScript 插件"—"标签页"选项，或者直接在浏览器地址栏中输入 https://v3.bootcss.com/ javascript/#tabs，如图 1-78 和图 1-79 所示。复制如图 1-80 所示的示例代码，根据效果图修改代码。

图 1-77

图 1-78

Example tabs

Add quick, dynamic tab functionality to transition through panes of local content, even via dropdown menus. **Nested tabs are not supported.**

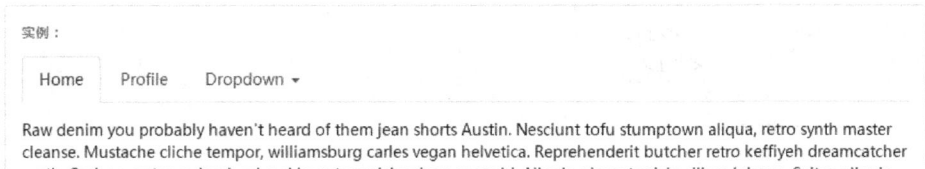

实例：

| Home | Profile | Dropdown ▾ |

Raw denim you probably haven't heard of them jean shorts Austin. Nesciunt tofu stumptown aliqua, retro synth master cleanse. Mustache cliche tempor, williamsburg carles vegan helvetica. Reprehenderit butcher retro keffiyeh dreamcatcher synth. Cosby sweater eu banh mi, qui irure terry richardson ex squid. Aliquip placeat salvia cillum iphone. Seitan aliquip quis cardigan american apparel, butcher voluptate nisi qui.

图 1-79

```
<div>                                                                 Copy

  <!-- Nav tabs -->
  <ul class="nav nav-tabs" role="tablist">
    <li role="presentation" class="active"><a href="#home" aria-controls="home" role="tab" data-
toggle="tab">Home</a></li>
    <li role="presentation"><a href="#profile" aria-controls="profile" role="tab" data-
toggle="tab">Profile</a></li>
    <li role="presentation"><a href="#messages" aria-controls="messages" role="tab" data-
toggle="tab">Messages</a></li>
    <li role="presentation"><a href="#settings" aria-controls="settings" role="tab" data-
toggle="tab">Settings</a></li>
  </ul>

  <!-- Tab panes -->
  <div class="tab-content">
    <div role="tabpanel" class="tab-pane active" id="home">...</div>
    <div role="tabpanel" class="tab-pane" id="profile">...</div>
    <div role="tabpanel" class="tab-pane" id="messages">...</div>
    <div role="tabpanel" class="tab-pane" id="settings">...</div>
  </div>

</div>
```

图 1-80

部分实现代码如下所示。请大家按照给出的部分代码，根据效果图编写完成"最新推荐""本周热门""本月热门""所有热门"实现的代码。

```
<div class="tab-content">
                <div role="tabpanel" class="tab-pane active" id="home">
                  <ul class="list-group">
                      <li class="list-group-item">
                      <h4 > 如何建立个人博客</h4>
                       <p >想必很多人都想建立一个……</p>
                       <p><small>SHINE发布于2017年3月18-19时24分 阅读 1980</small></p>
                      </li>
                      <li class="list-group-item">
                       <h4>对网站域名的选择</h4>
                       <p> …</p>
                       <p><small>SHINE发布于2017年3月18-19时24分 阅读 1980</small></p>
                      </li>
                    </ul>
                </div>
<div role="tabpanel" class="tab-pane" id="profile">
                <ul class="list-group">
```

```
                    <li class="list-group-item">
                        <h4>策划和设计网站效果图</h4>
                        <p> ……</p>
                        <p><small>SHINE 发布于 2017 年 3 月 18-19 时 24 分 阅读 1980</small>
</p>
                    </li>
                </ul>
            </div>
        </div>
```

步骤 3：页面内容右侧效果如图 1-81 所示。登录 Bootstrap 官方网站（https://v3.bootcss.com），选择"组件"—"列表组"—"徽章"选项，或者直接在浏览器地址栏中输入 https://v3.bootcss.com/components/# badges，如图 1-82 所示。

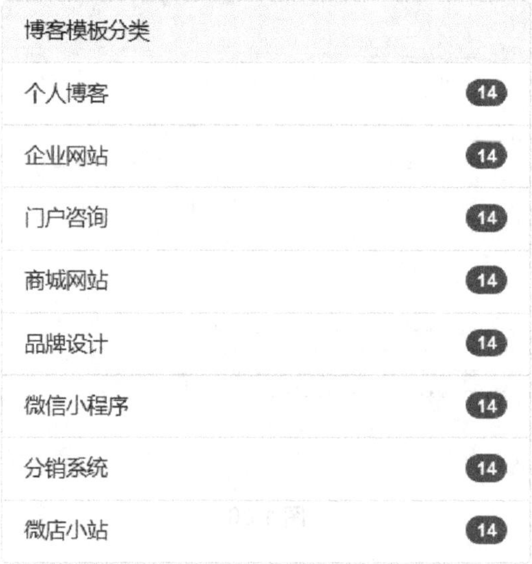

图 1-81

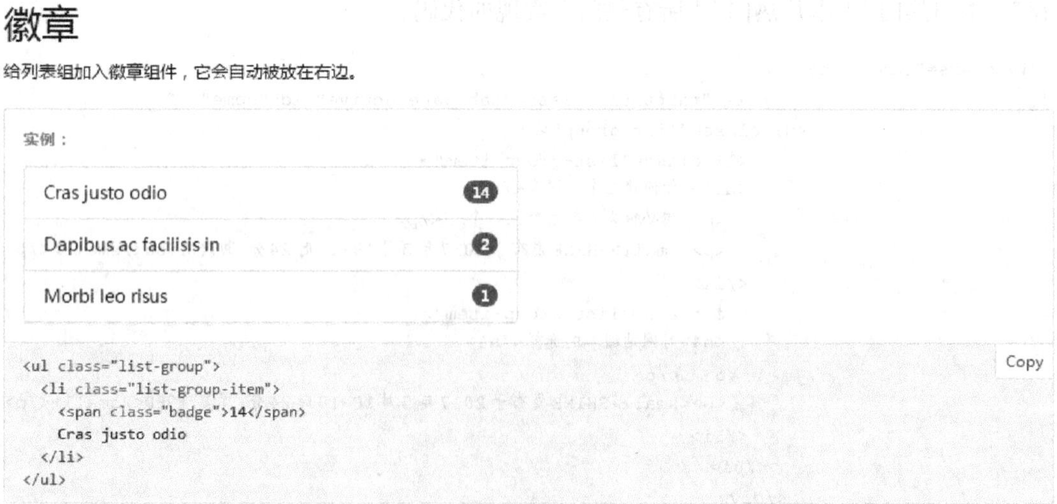

徽章

给列表组加入徽章组件，它会自动被放在右边。

```
实例：

Cras justo odio                    14
Dapibus ac facilisis in             2
Morbi leo risus                     1
```

```
<ul class="list-group">                                    Copy
  <li class="list-group-item">
    <span class="badge">14</span>
    Cras justo odio
  </li>
</ul>
```

图 1-82

以上运行效果的实现代码如下：

```html
<div class="col-md-3">
    <div class="panel panel-default">
  <div class="panel-heading">博客模板分类</div>
  <ul class="list-group">
    <a class="list-group-item">个人博客<span class="badge ">14</span>
    </a>
    <a class="list-group-item">企业网站<span class="badge">14</span>
    </a>
    <a class="list-group-item">门户咨询<span class="badge">14</span>
    </a>
    <a class="list-group-item">商城网站<span class="badge">14</span>
    </a>
    <a class="list-group-item">品牌设计<span class="badge">14</span>
    </a>
    <a class="list-group-item">微信小程序<span class="badge">14</span>
    </a>
    <a class="list-group-item">分销系统<span class="badge">14</span>
    </a>
    <a class="list-group-item">微店小站<span class="badge">14</span>
    </a>
  </ul>
</div>
  </div>
```

1.5.3 下载中心页面的实现分析

下载中心页面的导航条、尾部、右侧的列表、标签页、响应式制作与其他页面一样。效果图如图 1-83 所示。这里就不再详细介绍了，复制相同功能代码即可。这里只讲述本站热门下载资源和搜索资源的表单部分。下载中心页面的具体实现分析如图 1-84 所示。

图 1-83

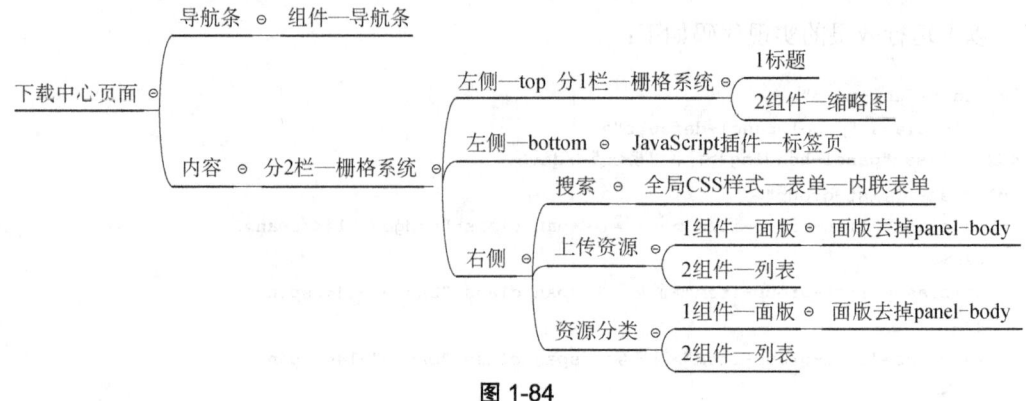

图 1-84

1. 本站热门下载资源

步骤 1：新建 download.html 页面。下载中心页面实现代码的整体结构如图 1-85 所示。本站热门下载资源的整体结构如图 1-86 所示。标题"本站热门下载资源"的实现代码如图 1-87 所示。图文内容的实现代码如图 1-88 所示。

```
<!DOCTYPE html>
<html lang="zh-CN">
▶<head>…</head>
▼<body>
  ▶<div class="navbar">…</div>
  ▼<div class="container-fluid">
    ::before
    ▼<div class="row">
      ::before
      ▶<div class="col-md-9">…</div> == $0
      ▶<div class="col-md-3">…</div>
      ::after
    </div>
```

图 1-85

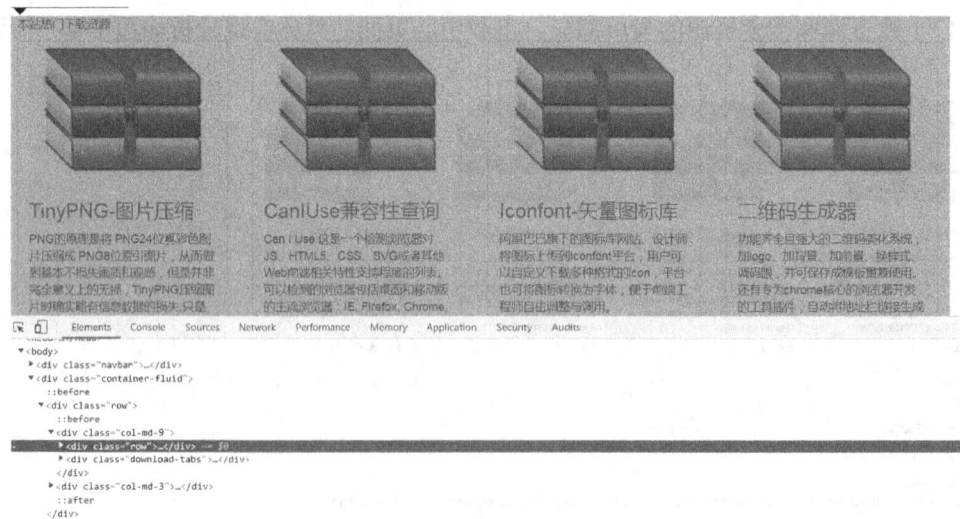

图 1-86

```
::before
▼<div class="col-md-9">
  ▼<div class="row"> == $0
    ::before
    ▼<div class="col-md-12">
      ▼<div class="subtitle ">
          <p class="text-left">本站热门下载资源</p>
        </div>
      ▼<div class="hot">
        ▶<div class="row">…</div>
        </div>
      </div>
    </div>
```

图 1-87

```
▼<div class="hot">
  ▼<div class="row"> == $0
      ::before
    ▶<div class="col-sm-4 col-md-3">…</div>
    ▶<div class="col-sm-4 col-md-3">…</div>
    ▶<div class="col-sm-4 col-md-3">…</div>
    ▶<div class="col-sm-4 col-md-3">…</div>
      ::after
    </div>
  </div>
```

图 1-88

步骤 2：登录 Bootstrap 官方网站（https://v3.bootcss.com），选择"组件"—"缩略图"选项，或者直接在浏览器地址栏中输入 https://v3.bootcss.com/components/#thumbnails，如图 1-89 所示。选择一种合适的样式，复制如图 1-90 所示的代码，根据效果图修改代码内容。

图 1-89

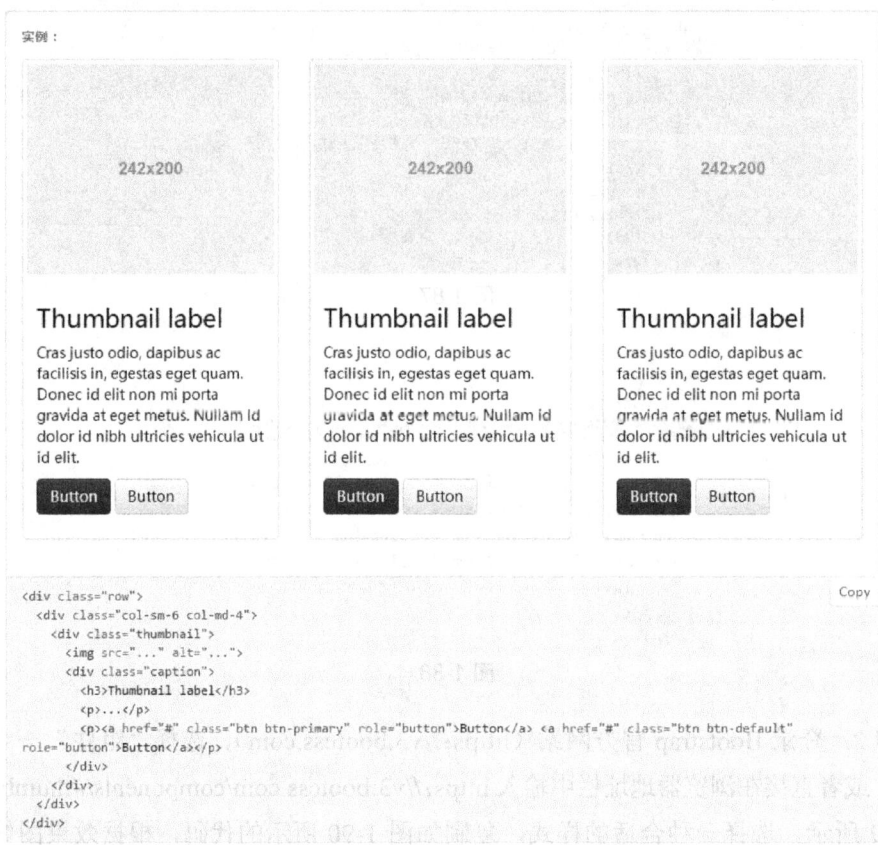

图 1-90

修改代码如下：

```
<div class="thumbnail">
        <img src="img/rar.svg" alt="...">
        <div class="caption">
            <h3><a> TinyPNG-图片压缩</a></h3>
            <p> PNG 的原理是将 PNG24 位真彩色图片压缩成 PNG8 位索引图片, 从而做到基本不损失画质和观感, 但是
并非完全意义上的无损, TinyPNG 压缩图片时确实略有信息数据的损失, 只是在感官上很难察觉到显著的画质降低。</p>
            <p><span><span class="glyphicon glyphicon-grain" aria-hidden="true"></span> 
0</span>  <span> <span class="glyphicon glyphicon-save" aria-hidden="true"></span>
 6</span></p>
    </div>
</div>
```

步骤 3：根据效果图添加和修改对应的代码内容。修改代码如下：

```
<div class="hot">
        <div class="row">
  <div class="col-sm-4 col-md-3">
    <div class="thumbnail">
      <img src="img/rar.svg" alt="...">
      <div class="caption">
        <h3><a> TinyPNG-图片压缩</a></h3>
```

```
        <p>…… </p>
        <p> <span><span class="glyphicon glyphicon-grain" aria-hidden="true"></span> 
0</span>  <span> <span class="glyphicon glyphicon-save" aria-hidden="true"></span>
 6</span></p>
      </div>
    </div>
  </div>
  <div class="col-sm-4 col-md-3">
    <div class="thumbnail">
      <img src="img/rar.svg" alt="...">
      <div class="caption">
        <h3><a>…….</a></h3>
        <p>……</p>
        <p> <span><span class="glyphicon glyphicon-grain" aria-hidden="true"></span> 
0</span>  <span> <span class="glyphicon glyphicon-save" aria-hidden="true"></span>
 6</span></p>
      </div>
    </div>
  </div>
</div>
```

2. 右侧搜索资源的表单

步骤 1：登录 Bootstrap 官方网站（https://v3.bootcss.com），选择"全局 CSS 样式"—"表单"选项，或者直接在浏览器地址栏中输入 https://v3.bootcss.com/css/#forms，如图 1-91 所示。选择并复制内联表单样式代码，如图 1-92 所示。

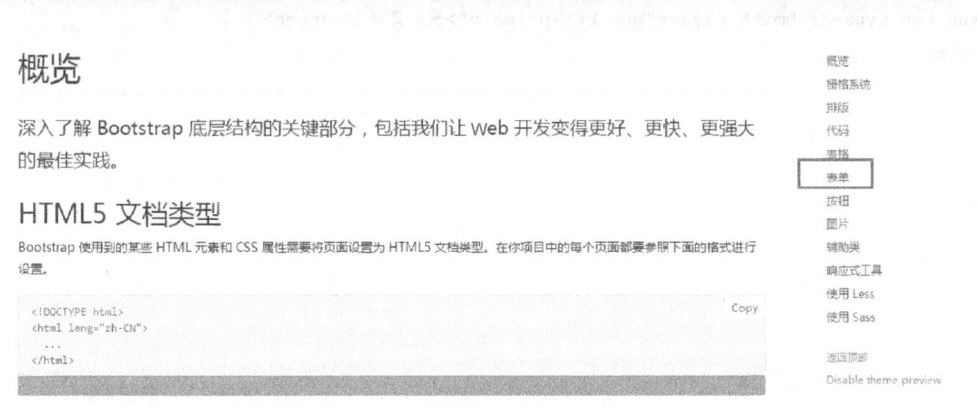

图 1-91

内联表单

为 `<form>` 元素添加 `.form-inline` 类可使其内容左对齐并且表现为 `inline-block` 级别的控件。只适用于视口（viewport）至少在 **768px 宽度时**（视口宽度再小的话就会使表单折叠）。

可能需要手动设置宽度

在 Bootstrap 中，输入框和单选/多选框控件默认被设置为 `width: 100%;` 宽度。在内联表单中，我们将这些元素的宽度设置为 `width: auto;`，因此，多个控件可以排列在同一行中。根据你的布局需求，可能需要一些额外的定制化组件。

一定要添加 `label` 标签

如果你没有为每个输入控件设置 `label` 标签，屏幕阅读器将无法正确识别。对于这些内联表单，你可以通过为 `label` 设置 `.sr-only` 类将其隐藏。还有一些辅助技术提供label标签的替代方案，如 `aria-label`、 `aria-labelledby` 或 `title` 属性。如果这些都不存在，屏幕阅读器可能会采取使用 `placeholder` 属性，如果存在的话，使用占位符来替代其他的标记，但要注意，这种方法是不妥当的。

图 1-92

步骤 2：根据效果图修改代码如下：

```
<form class="form-inline navbar-search">
  <div class="form-group">
    <input type="text" id="seachLabel" name="searchLabel" value="" class="form-control"
placeholder="您想找的资源名称">
  </div>
  <button type="submit" class="btn btn-primary">搜索资源</button>
</form>
```

项目二
专题类网站开发实战

2.1　项目介绍

本项目主要适合有一定网页制作基础知识的读者。了解 HTML 结构、DIV+CSS 布局和 CSS 样式，利用 Bootstrap 框架提供的样式，读者可以通过个人定制的方式来制作更加漂亮、个性化的网站，这里需要利用 CS 重新定制样式。

通过本项目的学习，读者可以轻松利用 Bootstrap 框架来定制个性化的网站。

基于 Bootstrap 的专题类商业静态页面，能够为前端技术掌握得不是太好，又想开发专题类商业网站的朋友们提供一个不错的前端页面模板。

该专题类商业网站是一个单页式、多屏的静态页面，采用 Bootstrap 前端框架，能够兼容 PC 端、移动设备端同时访问，外观简洁。

目前，这套基于 Bootstrap 的专题类商业网站包含的静态页面有：

① 导航条。

② 公司简介。

③ 解决方案。

④ 成功案例。

⑤ 合作伙伴。

⑥ 友情链接。

⑦ 尾部版权。

2.2　项目效果

① 专题类商业网站的大屏幕端效果如图 2-1 所示。

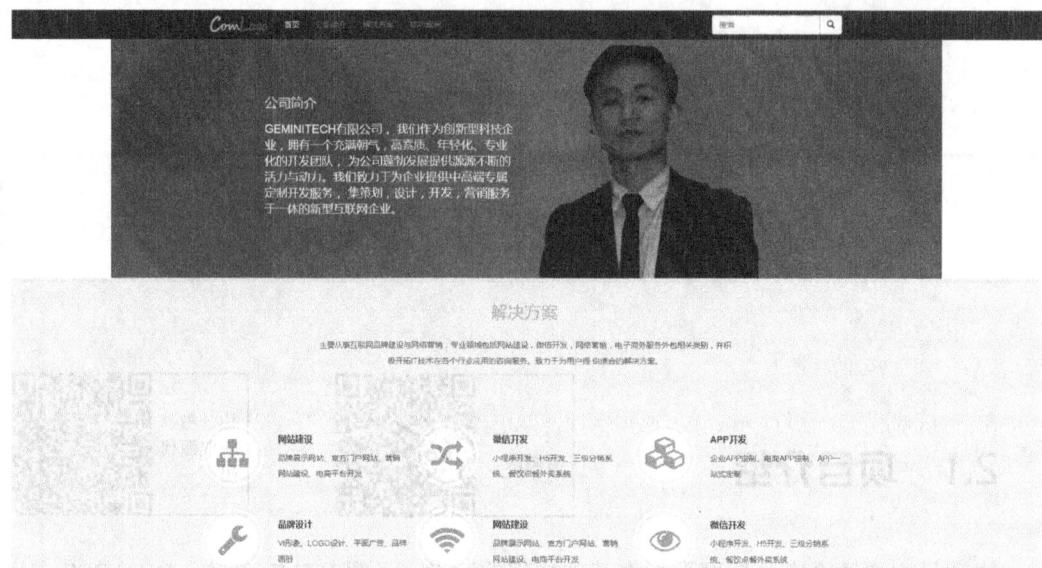

图 2-1

② 专题类商业网站的中屏幕端效果如图 2-2 所示。

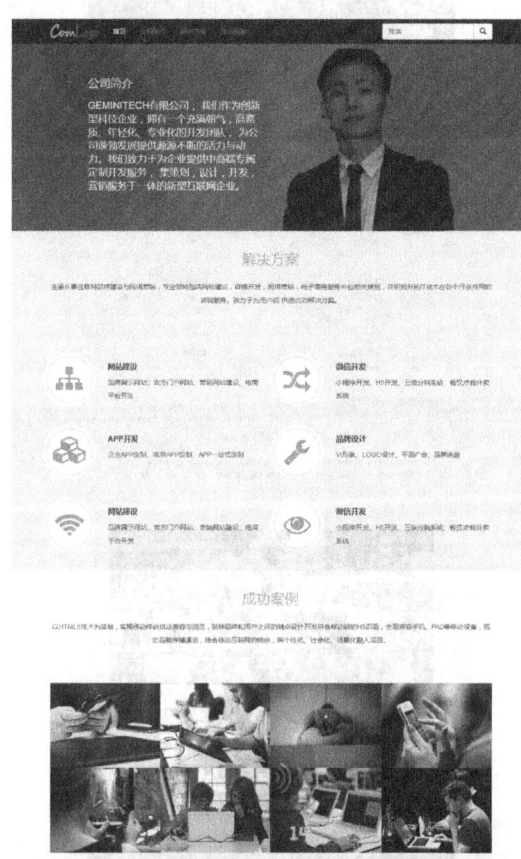

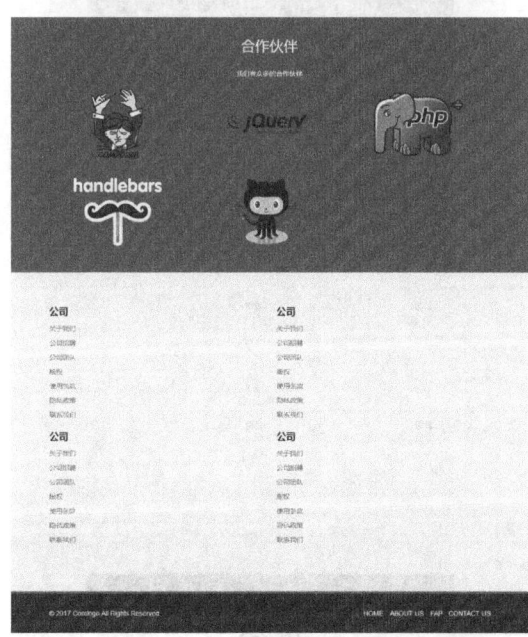

图 2-2

③ 专题类商业网站的平板电脑端效果如图 2-3 所示。

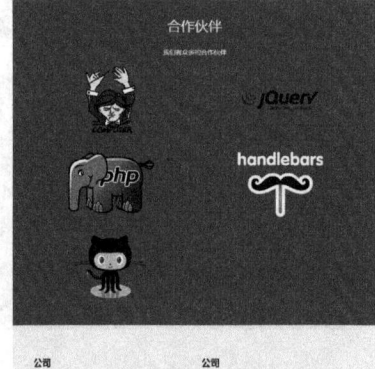

图 2-3

④ 专题类商业网站的手机端效果如图 2-4 所示。

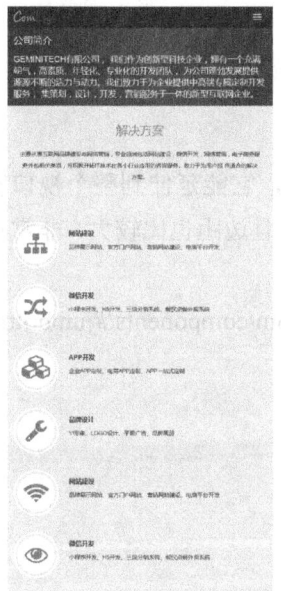
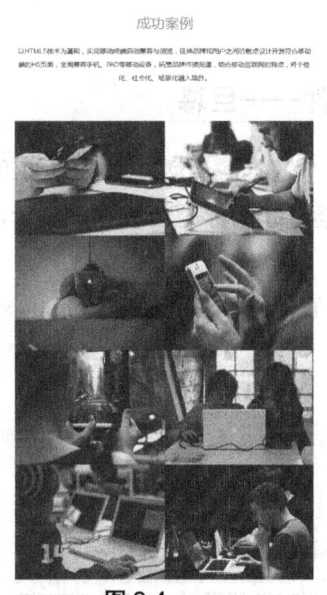
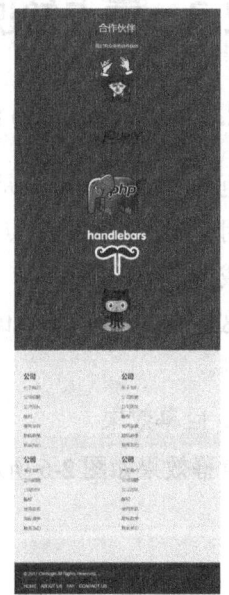

图 2-4

⑤ 专题类商业网站的超小手机端效果如图 2-5 所示。

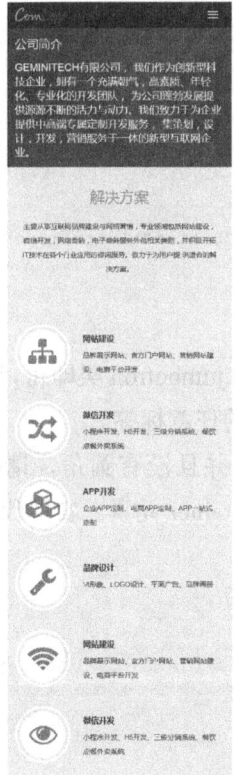

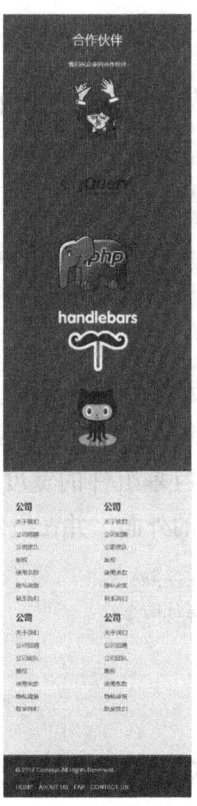

图 2-5

2.3 重点知识

2.3.1 Bootstrap 组件——巨幕

巨幕（Jumbotron）是一个轻量、灵活、可扩展的组件，它能延伸到整个视口宽度，主要用于展示网站的重点内容。它的标题会被加大显示，而且边距也比较大，非常适合营销类或内容类网站。

这里主要讲解 Bootstrap 官方网站（https://v3.bootcss.com/components/#jumbotron）中的实例。

1. 巨幕效果

巨幕效果如图 2-6 所示。

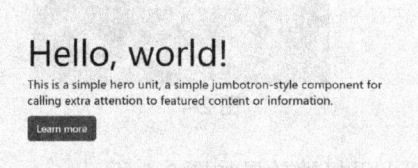

图 2-6

2. 实现代码

以上运行效果的实现代码如下：

```
<div class="jumbotron">
  <h1>Hello, world!</h1>
  <p>...</p>
  <p><a class="btn btn-primary btn-lg" href="#" role="button">Learn more</a></p>
</div>
```

3. 代码分析

要在页面中放置一个巨幕，只要给容器<div>添加.jumbotron 类即可，还可以添加标题、说明性文本、按钮等，标题可以使用从<h1>到<h6>的任意标签。

如果需要让巨幕组件的宽度与浏览器宽度一致并且没有圆角，请把此组件放在所有.container 元素的外面，并在组件内部添加一个.container 元素。实现代码如下：

```
<div class="jumbotron">
  <div class="container">
    ...
  </div>
</div>
```

2.3.2 Bootstrap 组件——警告框

警告框组件通过提供一些灵活的预定义消息，为常见的用户动作提供反馈消息。

这里主要讲解 Bootstrap 官方网站（https://v3.bootcss.com/components/#alertsr）中的实例。

1. 警告框效果

警告框效果如图 2-7 所示。

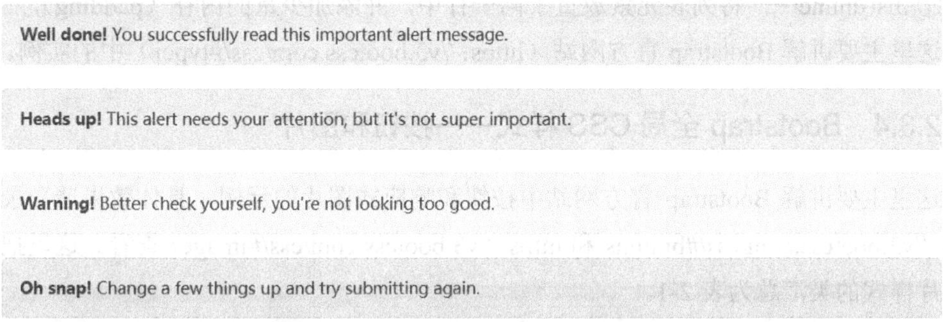

Well done! You successfully read this important alert message.

Heads up! This alert needs your attention, but it's not super important.

Warning! Better check yourself, you're not looking too good.

Oh snap! Change a few things up and try submitting again.

图 2-7

2. 实现代码

以上运行效果的实现代码如下：

```
<div class="alert alert-success" role="alert">...</div>
<div class="alert alert-info" role="alert">...</div>
<div class="alert alert-warning" role="alert">...</div>
<div class="alert alert-danger" role="alert">...</div>
```

3. 代码分析

将任意文本和一个可选的关闭按钮组合在一起就能组成一个警告框。其中，.alert 类是必须要设置的，另外我们还提供了有特殊意义的其他四个类，分别代表不同的警告信息。常用的类为：

① .alert——指明 div 元素为警告框组件。

② .alert-info、.alert-danger、.alert-warning、.alert-success——为警告框设置情景效果。

③ .alert-dismissible——提示该警告框组件为可关闭的。

④ .close——设置该按钮为可关闭的。

⑤ .alert-link——可以为链接设置与当前警告框相匹配的颜色。

2.3.3　Bootstrap 全局 CSS 样式——排版

Bootstrap 能完全友好地支持 HTML 5 的文本元素，排版有如下功能：

① .small——将设置为当前元素字体大小的 85%，用作副标题时，也可用<small>来代替。

② .lead——突出显示段落。

③ .text-left、.text-center、.text-right——将文字左、居中、右对齐。

④ .text-lowercase、.text-uppercase、.text-capitalize——分别对应所有字母大写、所有字母小写、首字母大写。

⑤ .blockquote-reverse——将呈现内容设置为右对齐。

⑥ .list-unstyled——设置列表为无样式。

⑦ .list-inline——将列表元素放置于同一行中，并添加少量的内补（padding）。

这里主要讲解 Bootstrap 官方网站（https://v3.bootcss.com/css/#typer）中的实例。

2.3.4 Bootstrap 全局 CSS 样式——按钮和图片

这里主要讲解 Bootstrap 官方网站中按钮和响应式图片的示例，具体效果请登录网站 https://v3.bootcss.com/css/#buttons 和 https://v3.bootcss.com/css/#images 查看。这里把按钮和图片样式的类汇总为表 2-1。

表 2-1

类　名	样　式
.btn-default	按钮的默认样式
.btn-primary	按钮的首选样式
.btn-success	按钮的成功样式
.btn-info	按钮的一般信息样式
.btn-warning	按钮的警告样式
.btn-danger	按钮的危险样式
.btn-link	按钮的链接样式
.btn-lg	大按钮样式
.btn-sm	小按钮样式
.btn-xs	超小按钮样式
.btn-block	将按钮设置为充满父元素
.active	设置按钮为激活状态
.disabled	设置按钮为禁用状态
.img-circle	将图片设置为圆形
.img-rounded	为图片设置圆角
.img-thumbnail	将图片设置为方形
.img-responsive	为图片添加响应式

2.3.5 Bootstrap 全局 CSS 样式——辅助类

这里主要讲解 Bootstrap 官方网站（https://v3.bootcss.com/css/#helper-classes）中的实例。辅助类主要包括：

① 情境文本颜色。

② 情境背景色。

③ 关闭按钮、三角符号。

④ 快速浮动、清除浮动、内容块居中。

⑤ 显示或隐藏内容。

⑥ 屏幕阅读器和键盘导航、图片替换。

1. 情境文本颜色

Bootstrap 提供了一组工具类用于设置情境文本颜色。这些类可以应用于链接，并且在鼠标经过时颜色可以还可以加深，与默认的链接同样的效果。

这个在之前的文字排版中可以看到，基本的类引用。实现代码如下：

```
<p class="text-muted">...</p>
<p class="text-primary">...</p>
<p class="text-success">...</p>
<p class="text-info">...</p>
<p class="text-warning">...</p>
<p class="text-danger">...</p>
```

2. 情境背景色

与情境文本颜色类一样，使用任意情境背景色类就可以设置元素的背景。链接组件在鼠标经过时颜色会加深，就像上面所讲的情境文本颜色类一样。

情境背景色类的引用代码如下：

```
<p class="bg-primary">...</p>
<p class="bg-success">...</p>
<p class="bg-info">...</p>
<p class="bg-warning">...</p>
<p class="bg-danger">...</p>
```

3. 关闭按钮、三角符号

① 通过使用一个象征关闭的图标，可以让模态框和警告框消失。

② 通过使用三角符号可以设置某个元素具有下拉菜单的功能。

实现代码如下：

```
<!-- close 类使元素有了关闭的功能-->
<button type="button" class="close" aria-label="Close">
  <span aria-hidden="true">&times;</span>
</button>
<!--三角符号-->
<span class="caret"></span>
```

4. 快速浮动、清除浮动、内容块居中

① 通过添加一个类，可以将任意元素向左或向右浮动。!important 被用来明确 CSS 样式的优先级。

② 通过为父元素添加.clearfix 类可以很容易地清除浮动（float）。

③ 为任意元素设置 display：block 属性，并通过 margin 属性让其中的内容居中。

实现代码如下：

```
<!--注意源文件! important 的引用-->
<div class="pull-left">...</div>
<div class="pull-right">...</div>
<!-- Usage as a class -->
<div class="clearfix">...</div>
<!--让块元素居中,不是块的需要设置 display:block 基本 css:magin-left: auto; magin-right:auto-->
<div class="center-block">...</div>
```

5. 显示或隐藏内容

.show 和.hidden 类可以强制任意元素显示或隐藏（对于屏幕阅读器也能起作用）。这些类通过!important 属性来避免 CSS 样式优先级问题。

实现代码如下：

```
<div class="show">...</div>
<div class="hidden">...</div>
```

6. 屏幕阅读器和键盘导航、图片替换

① .sr-only 类可以对屏幕阅读器以外的设备隐藏内容。.sr-only 和.sr-only-focusable 类联合使用可以在元素有焦点的时候再次显示隐藏内容（例如，使用键盘来操作的用户）。

② 使用.text-hide 类或对应的 mixin 函数可以用来将元素的文本内容替换为一张背景图。

实现代码如下：

```
<a class="sr-only sr-only-focusable" href="#content">Skip to main content</a>
<h1 class="text-hide">Custom heading</h1>
```

2.4 项目分析

2.4.1 导航条的实现分析

导航条的具体实现分析如图 2-8 所示。

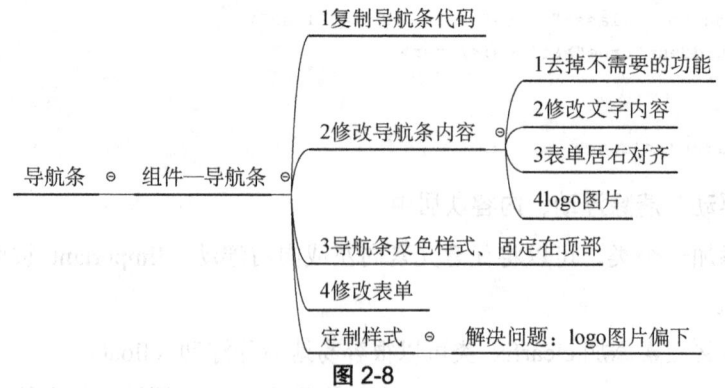

图 2-8

2.4.2 公司简介的实现分析

公司简介的实现主要使用的 Bootstrap 框架是巨幕，具体实现分析如图 2-9 所示。

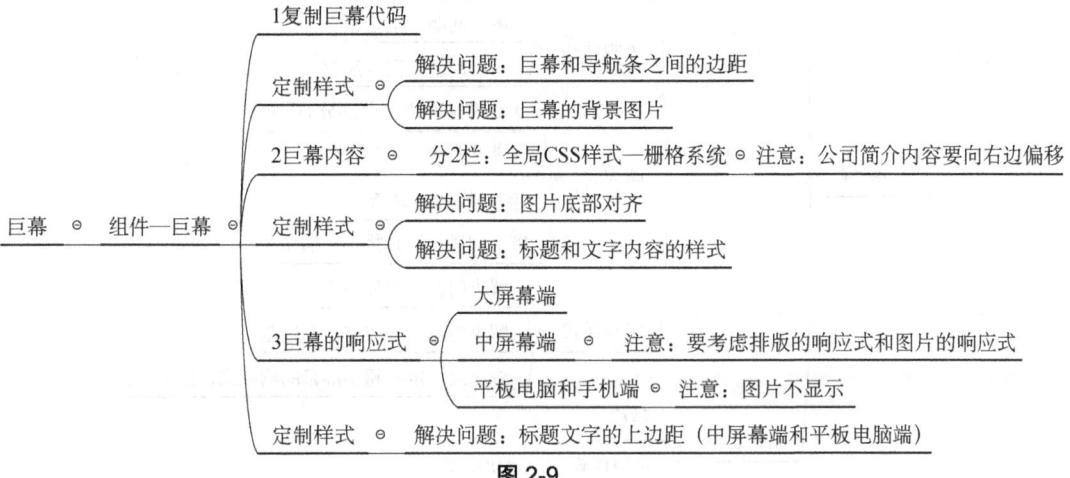

图 2-9

2.4.3 解决方案的实现分析

解决方案的实现主要使用的 Bootstrap 框架是栅格系统，具体实现分析如图 2-10 所示。

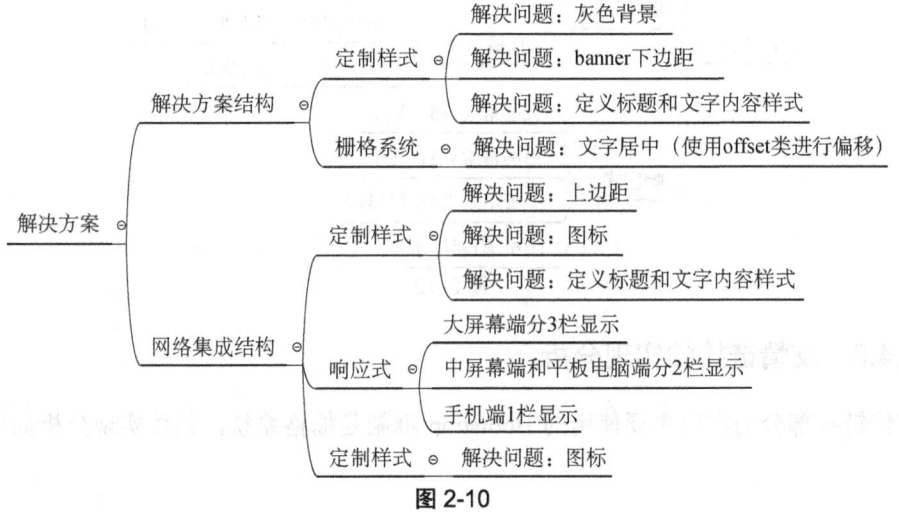

图 2-10

2.4.4 成功案例的实现分析

成功案例的实现主要使用的 Bootstrap 框架是栅格系统，具体实现分析如图 2-11 所示。

2.4.5 合作伙伴的实现分析

合作伙伴的实现主要使用的 Bootstrap 框架有栅格系统，具体实现分析如图 2-12 所示。

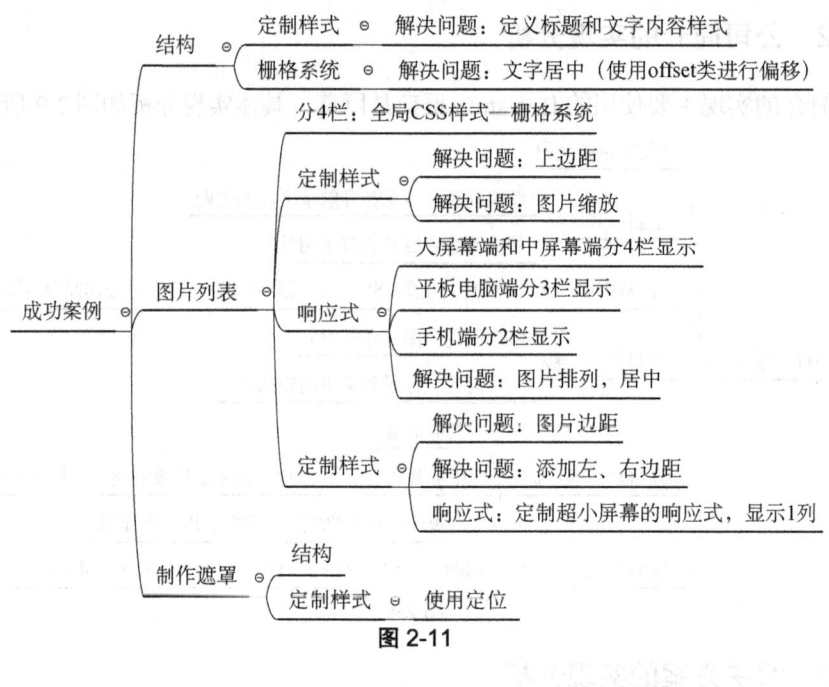

图 2-11

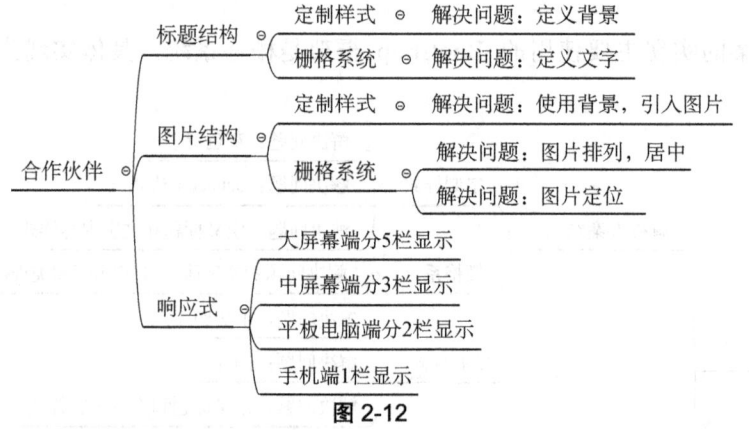

图 2-12

2.4.6　友情链接的实现分析

友情链接部分的实现主要使用的 Bootstrap 框架是栅格系统，具体实现分析如图 2-13 所示。

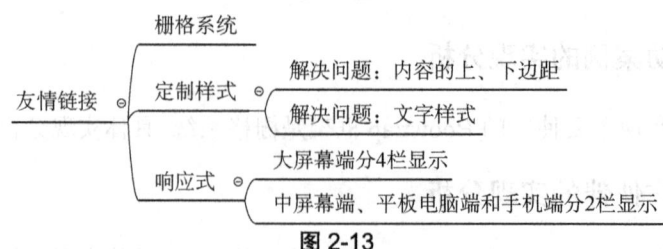

图 2-13

2.4.7 尾部版权的实现分析

尾部版权部分的实现主要是自定义样式，在后面代码实现部分再详细讲解。

2.5 项目实现

本项目的实现用到的 Bootstrap 框架组件和全局 CSS3 样式及 JavaScript 插件，直接引用，不再详细讲解。

首先需要搭建 Bootstrap 环境，请大家参考 1.3.1 节的内容，然后按照下面的步骤进行。

2.5.1 导航条的实现

步骤 1：进入 Bootstrap 官方网站，选择"组件"—"导航条"选项，复制导航条代码内容。导航条效果如图 2-14 所示。这里我们不需要下拉菜单和右边的部分，如图 2-15 所示框出的部分，所以需要去掉这部分代码。

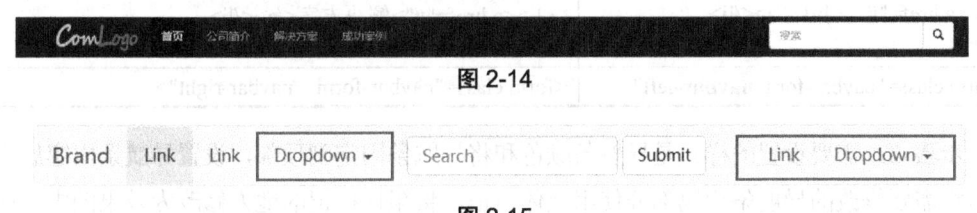

图 2-14

图 2-15

需要去掉的代码有两部分，第一部分如下：

```html
<li class="dropdown">
    <a href="#" class="dropdown-toggle" data-toggle="dropdown" role="button" aria-haspopup=
"true" aria-expanded="false">Dropdown <span class="caret"></span></a>
    <ul class="dropdown-menu">
    <li><a href="#">Action</a></li>
    <li><a href="#">Another action</a></li>
    <li><a href="#">Something else here</a></li>
    <li role="separator" class="divider"></li>
    <li><a href="#">Separated link</a></li>
    <li role="separator" class="divider"></li>
    <li><a href="#">One more separated link</a></li>
    </ul>
</li>
```

需要去掉的第二部分代码如下：

```html
<ul class="nav navbar-nav navbar-right">
    <li><a href="#">Link</a></li>
    <li class="dropdown">
    <a href="#" class="dropdown-toggle" data-toggle="dropdown" role="button" aria-haspopup=
"true" aria-expanded="false">Dropdown <span class="caret"></span></a>
```

```
    <ul class="dropdown-menu">
      <li><a href="#">Action</a></li>
      <li><a href="#">Another action</a></li>
      <li><a href="#">Something else here</a></li>
      <li role="separator" class="divider"></li>
      <li><a href="#">Separated link</a></li>
    </ul>
  </li>
</ul>
```

步骤 2：根据导航条效果图修改代码中的导航条部分。这里将需要修改的导航条代码部分使用粗体标记，并修改为效果图中对应的内容。需要修改的代码及效果图中对应的代码见表 2-2。

表 2-2

需要修改的代码	效果图中对应的代码
Brand	\<img src="images/logo.png"\>
\<li class="active"\>\<a href="#"\>**Link** \<span class="sr-only"\>(current)\</span\>\</a\>\</li\> \<li\>\<a href="#"\>**Link**\</a\>\</li\>	\<li class="active"\>\<a href="#"\> 首页 \<span class="sr-only"\>(current)\</span\>\</a\>\</li\> \<li\>\<a href="#"\>公司简介\</a\>\</li\> \<li\>\<a href="#"\>解决方案\</a\>\</li\> \<li\>\<a href="#"\>成功案例 \</a\>\</li\>
\<form class="navbar-form **navbar-left**"\>	\<form class="navbar-form　navbar-right"\>

步骤 3：需要设置的样式是导航条颜色和将导航条固定到顶部，设置导航条内容居中。这里将需要修改的导航条代码部分使用粗体标记，将粗体标记的地方修改为效果图中对应的内容（修改之后的代码部分使用粗体标记）。需要修改的代码及效果图中对应的代码见表 2-3。

表 2-3

需要修改的代码	效果图中对应的代码
\<nav class="navbar **navbar-default**"\>	\<nav class="navbar navbar-inverse navbar-static-top"\>
\<div class="**container-fluid**"\>	\<div class="container"\>

步骤 4：定制样式 index.css。解决出现的显示效果问题：logo 图片比较靠下。这里需要新建一个 index.css 文件。在样式文件中编写代码如下：

```
.navbar-brand{
    padding:10px 15px;
}
```

步骤 5：修改导航条搜索模块。这里将需要修改的导航条代码部分使用粗体标记，并修改为效果图中对应的内容。

修改后的代码如下：

```
<form class="navbar-form navbar-right">
        <div class="form-group">
          <input type="text" class="form-control" placeholder="Search">
        </div>
```

```
    <button type="submit" class="btn btn-default">Submit</button>
</form>
```

需要修改的代码及效果图中对应的代码见表 2-4。

表 2-4

需要修改的代码	效果图中对应的代码

`<div class="form-group">`
`<input type="text" class="form-control" placeholder="Search">`
`</div>`
`<button type="submit" class="btn btn-default">`
`Submit</button>`
	`<div class="input-group">`
	`<input type="text" class="form-control" placeholder="Search">`
	`<span class="input-group-btn">`
	`<button class="btn btn-default">go</button>`
	`</span>`
	`</div>`

`<span class="input-group-btn">`
`<button class="btn btn-default">go`
`</button>`
`</span>`
	`<span class="glyphicon glyphicon-search">`
	`</span>`

`<input type="text" class="form-control" placeholder=`**`"Search">`**	`<input type="text" class="form-control" placeholder="搜索">`

2.5.2 公司介绍的实现

公司介绍的实现主要使用的 Bootstrap 框架是巨幕，效果图如图 2-16 所示。具体实现分析如图 2-17 所示。

图 2-16

图 2-17

步骤 1：登录 Bootstrap 官方网站（https://v3.bootcss.com），选择"组件"—"巨幕"选项，或者直接在浏览器地址栏中输入 https://v3.bootcss.com/components/#jumbotron，选择复制代码如下：

```
<div class="jumbotron"> <div class="container"> ... </div> </div>
```

步骤 2：定制样式 index.css。解决显示效果问题：去掉巨幕和导航条之间的边距。实现代码如下：

```
.navbar{
    margin-bottom:0px;
}
```

步骤 3：定制样式 index.css。解决显示效果问题：设置巨幕 Banner 的背景图片，实现代码如下：

```
.jumbotron{
    background:url(../images/bg.jpg) center center no-repeat;
}
```

步骤 4：制作巨幕的内容，使用全局 CSS3 样式—栅格系统，实现代码如下：

```
<div class="row">
  <div class="col-lg-5 ">
    <h2>公司简介</h2>
    <p> GEMINITECH 有限公司，我们作为创新型科技企业，拥有一个充满朝气，高素质、年轻化、专业化的开发团队。
我们致力于为企业提供中高端专属定制开发服务，是集策划、设计、开发、营销服务于一体的新型互联网企业。</p>
  </div>
  <div class="col-lg-5"><img src="images/person.png"></div>
```

步骤 5：解决显示效果问题：公司简介需要靠右边一些。使用 Bootstrap 框架中的偏移功能来解决该问题。这里将需要修改的代码部分使用粗体标记，将标记的地方修改为效果图中对应的内容。需要修改的代码及效果图中对应的代码见表 2-5。

表 2-5

需要修改的代码	效果图中对应的内容代码
<div class="**col-lg-5**">	<div class="col-lg-5 col-lg-offset-1">

步骤 6：定制样式 index.css。解决效果显示问题：图片底部对齐。实现代码如下：

```
.jumbotron{
    background:url(../images/bg.jpg) center center no-repeat;
    padding:10px 0 0 0;
}
```

步骤 7：定制样式 index.css，定制标题和文字内容的样式，实现代码如下所示。
标题样式代码如下：

```
.banner-title{
```

```
    font-size:24px;
    color:#ddfa52;
    line-height:1;
    margin-top:90px;
}
```

文字内容样式代码如下：

```
.banner-detail{
    font-size:14px;
    color:#fff;
    line-height:28px;
    margin-top:20px;
}
```

步骤 8：设置巨幕的响应式。大屏幕端的巨幕显示效果前面已经完成，现在需要设置中屏幕端、平板电脑端、手机端的显示效果。

● 中屏幕端（要考虑：排版响应式+图片响应式），这里将需要修改的代码部分使用粗体标记。排版的响应式使用 offset 类实现，图片的响应式使用 img-responsive 类实现。实现代码如下：

```
<div class="col-lg-5 col-lg-offset-1 col-md-5 col-md-offset-1">
 <h2 class="banner-title">公司简介</h2>
 <p class="banner-detail"> GEMINITECH 有限公司，我们作为创新型科技企业，拥有一个充满朝气，高素质、年轻
化、专业化的开发团队。我们致力于为企业提供中高端专属定制开发服务，是集策划、设计、开发、营销服务于一体的新型
互联网企业。</p>
</div>
<div class="col-lg-5 col-md-5 "><img src="images/person.png" class="img-responsive"></div>
</div>
```

● 平板电脑端和手机端（图片不显示），这里将需要修改的代码部分使用粗体标记。实现代码如下：

```
<div class="col-lg-5 col-lg-offset-1 col-md-5 col-md-offset-1">
    <h2 class="banner-title">公司简介</h2>
    <p class="banner-detail"> GEMINITECH 有限公司，我们作为创新型科技企业，拥有一个充满朝气，高素质、
年轻化、专业化的开发团队。我们致力于为企业提供中高端专属定制开发服务，是集策划、设计、开发、营销服务于一体的
新型互联网企业。</p>
    </div>
    <div class="col-lg-5 col-md-5 hidden-sm hidden-xs"><img src="images/person.png" class=
"img-responsive"></div>
</div>
```

步骤 9：定制样式 index.css。解决效果显示问题：设置文字内容的高度。实现代码如下：

```
@media(max-width:1200px){
  .banner-title{
     margin-top:60px;
  }
}
```

```
@media(max-width:992px){
  .banner-title{
     margin-top:10px;
  }
}
```

2.5.3 解决方案的实现

解决方案的实现主要使用的 Bootstrap 框架是栅格系统、响应式，大部分效果需要定制样式。效果图如图 2-18 所示（该效果图仅用于展示，内有重复内容必在意，读者可自行设计）。具体实现分析如图 2-19 所示。

图 2-18

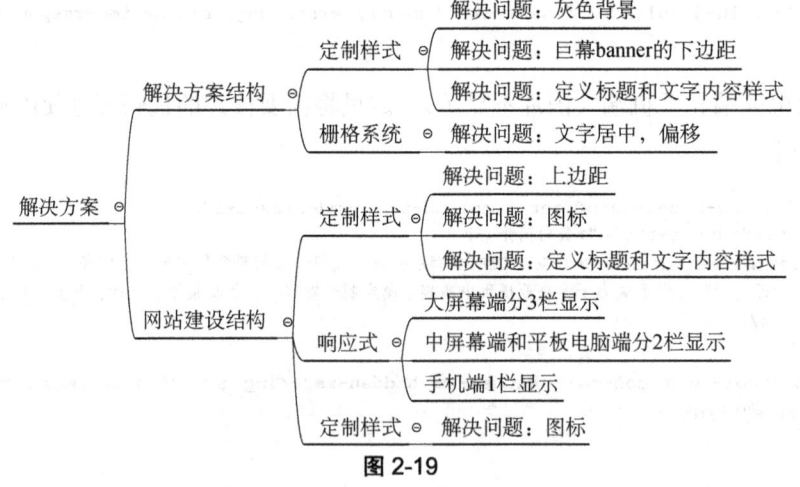

图 2-19

步骤 1：解决方案内容。使用栅格系统制作，实现代码如下：

```
<div class="container-fluid gray-bg">
  <div class="container">
    <h2 class="common-title ">解决方案</h2>
    <div class="row">
      <div class="common-detail ">主要从事互联网品牌建设与网络营销，专业领域包括网站建设、微信开发、
```

网络营销、电子商务服务外包相关领域，并积极开拓 IT 在各个行业应用的咨询服务，致力于为用户提供合适的解决方案。

```
</div>
    </div>
  </div>
</div>
```

步骤 2：定制样式 index.css。解决效果显示问题：设置灰色背景。实现代码如下：

```
.gray-bg{
    background-color: #f2f2f2;
}
```

步骤 3：定制样式 index.css。解决效果显示问题：设置巨幕 banner 的下边距。使用粗体标记的代码是按照效果图修改后的代码。实现代码如下：

```
.jumbotron{
    background:url(../images/bg.jpg) center center no-repeat;
    padding:10px 0 0 0;
    margin-bottom: 0px;
}
```

步骤 4：定制样式 index.css。解决效果显示问题：定义标题和文字内容的样式。实现代码如下：

```
.common-title{
    font-size:30px;
    color:#b5cd42;
    line-height:1;
    margin-top:45px;
}
.common-detail{
    font-size:14px;
    color:#7a7a7a;
    line-height:28px;
    margin-top:18px;
}
```

步骤 5：解决效果显示问题：文字居中。需要在结构中使用栅格系统和偏移功能来解决该问题。使用粗体标记的代码是按照效果图修改后的代码。实现代码如下：

```
<div class="container-fluid gray-bg">
  <div class="container">
    <h2 class="common-title text-center">解决方案</h2>
    <div class="row">
      <div class="common-detail text-center col-lg-8 col-lg-offset-2">主要从事互联网品牌建设与
网络营销，专业领域包括网站建设、微信开发、网络营销、电子商务服务外包相关领域，并积极开拓 IT 在各个行业应用的
咨询服务，致力于为用户提供合适的解决方案。</div>
    </div>
  </div>
</div>
```

步骤 6：网站建设这一区域的显示效果如图 2-20 所示（该效果图仅用于展示，内有重复内容不必在意，读者可自行设计）。使用粗体标记的代码是按照效果图修改后的代码。

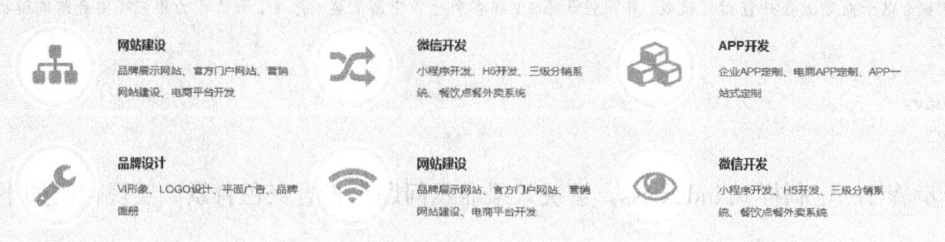

图 2-20

实现代码如下：

```
<div class="row ">
    <div class="col-lg-4 ">
        <h3>网站建设</h3>
        <p> 品牌展示网站、官方门户网站、营销网站建设、电商平台开发</p>
    </div>
</div>
```

为了方便定制样式，给每个 div 自定义一个类。使用粗体标记的代码是按照效果图修改后的代码。实现代码如下：

```
<div class="row list-con">
    <div class="col-lg-4 list-item">
        <h3>网站建设</h3>
        <p> 品牌展示网站、官方门户网站、营销网站建设、电商平台开发</p>
 </div>
    </div>
```

将步骤 6 的第二部分代码复制六份，并按照效果图对应修改代码里面的文字部分。实现代码如下：

```
<div class="row list-con">
    <div class="col-lg-4 list-item">
     <h3>网站建设</h3>
        <p> 品牌展示网站、官方门户网站、营销网站建设、电商平台开发</p>
    </div>
    <div class="col-lg-4 list-item">
     <h3>微信开发</h3>
        <p>小程序开发、H5 开发、三级分销系统、餐饮点餐外卖系统</p>
    </div>
    <div class="col-lg-4 list-item">
     <h3>APP 开发</h3>
        <p>企业 APP 定制、电商 APP 定制、APP 一站式定制</p>
    </div>
    <div class="col-lg-4 list-item">
     <h3>品牌设计</h3>
        <p>VI 形象、LOGO 设计、平面广告、品牌画册</p>
    </div>
    <div class="col-lg-4 list-item">
     <h3>网站建设</h3>
        <p> 品牌展示网站、官方门户网站、营销网站建设、电商平台开发</p>
```

```
        </div>
        <div class="col-lg-4 list-item">
         <h3>微信开发</h3>
          <p>小程序开发、H5开发、三级分销系统、餐饮点餐外卖系统</p>
         </div>
</div>
```

步骤7：定制样式 index.css。

● 解决效果显示问题1：定义上边距。实现代码如下：

```
.list-con{
     margin-top:96px;
}
```

● 解决效果显示问题2：定义图标。实现代码如下：

```
.list-item{
     height:112px;
     padding-left:138px;
     background:url(../images/icons.png) left top no-repeat;
     margin-bottom:39px;
}
```

● 解决效果显示问题3：定义标题和文字内容。实现代码如下：

```
.list-item h3{
     font-size:16px;
     color:#4e4e4e;
     font-weight:bold;
}
.list-item p{
     font-size:14px;
     color:#7a7a7a;
     line-height:28px;
}
```

步骤8：解决大屏幕端、中屏幕端、小屏幕端效果显示问题：使用响应式工具。使用粗体标记的代码是按照效果图修改后的代码。实现代码如下：

```
<div class="col-lg-4 list-item col-md-6 col-sm-6">
    <h3>网站建设</h3>
        <p>品牌展示网站、官方门户网站、营销网站建设、电商平台开发</p>
    </div>
        <div class="col-lg-4 list-item col-md-6 col-sm-6">
     <h3>微信开发</h3>
        <p>小程序开发、H5开发、三级分销系统、餐饮点餐外卖系统</p>
    </div>
        <div class="col-lg-4 list-item col-md-6 col-sm-6">
     <h3>APP开发</h3>
        <p>企业APP定制、电商APP定制、APP一站式定制</p>
    </div>
        <div class="col-lg-4 list-item col-md-6 col-sm-6">
```

```
    <h3>品牌设计</h3>
    <p>VI 形象、LOGO 设计、平面广告、品牌画册</p>
  </div>
  <div class="col-lg-4 list-item col-md-6 col-sm-6">
   <h3>网站建设</h3>
    <p> 品牌展示网站、官方门户网站、营销网站建设、电商平台开发</p>
  </div>
  <div class="col-lg-4 list-item col-md-6 col-sm-6">
   <h3>微信开发</h3>
    <p>小程序开发、H5 开发、三级分销系统、餐饮点餐外卖系统</p>
  </div>
 </div>
</div>
```

步骤 9：修改图标，自定义样式。需要为每个 div 定义一个类名，然后定制 indcx.css 样式。使用粗体标记的代码是按照效果图修改后的代码。实现代码如下：

```
<div class="col-lg-4 list-item col-md-6 col-sm-6">
    <h3>网站建设</h3>
    <p> 品牌展示网站、官方门户网站、营销网站建设、电商平台开发</p>
    </div>
    <div class="col-lg-4 list-item col-md-6 col-sm-6 list02">
    <h3>微信开发</h3>
    <p>小程序开发、H5 开发、三级分销系统、餐饮点餐外卖系统</p>
    </div>
    <div class="col-lg-4 list-item col-md-6 col-sm-6 list03">
    <h3>APP 开发</h3>
    <p>企业 APP 定制、电商 APP 定制、APP 一站式定制</p>
    </div>
    </div>
    <div class="col-lg-4 list-item col-md-6 col-sm-6 list04">
    <h3>品牌设计</h3>
    <p>VI 形象、LOGO 设计、平面广告、品牌画册</p>
    </div>
    <div class="col-lg-4 list-item col-md-6 col-sm-6 list05">
    <h3>网站建设</h3>
    <p> 品牌展示网站、官方门户网站、营销网站建设、电商平台开发</p>
    </div>
    <div class="col-lg-4 list-item col-md-6 col-sm-6 list06">
    <h3>微信开发</h3>
    <p>小程序开发、H5 开发、三级分销系统、餐饮点餐外卖系统</p>
    </div>
```

● 定制 index.css。实现代码如下：

```
.list02{
    background-position: left -112px;
}
.list03{
    background-position: left -224px;
}
.list04{
    background-position: left -336px;
}
```

86

```
.list05{
    background-position: left -448px;
}
.list06{
    background-position: left -560px;
}
```

2.5.4　成功案例的实现

　　成功案例的实现主要使用的 Bootstrap 框架是栅格系统、响应式，大部分效果需要定制样式。成功案例的实现效果图如图 2-21 所示，具体实现分析如图 2-22 所示。

图 2-21

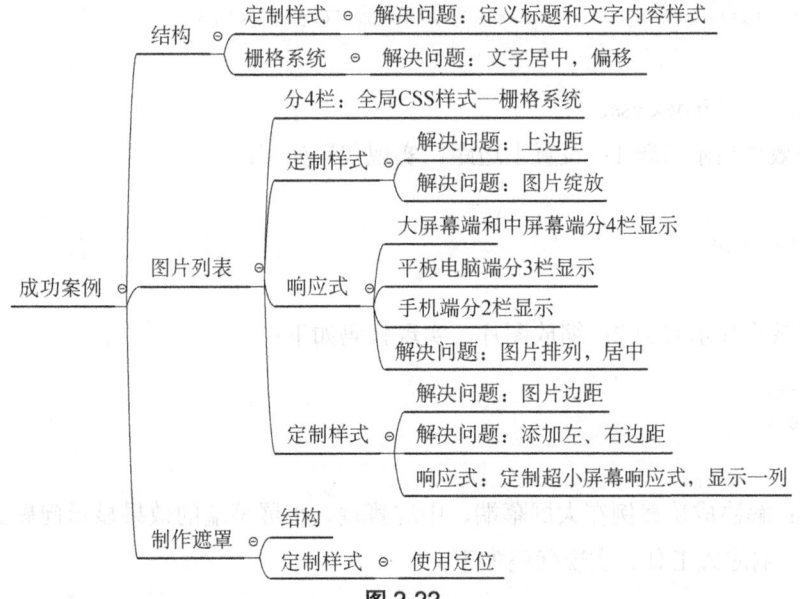

图 2-22

步骤1：成功案例的标题区域部分的效果与解决方案的效果样式一致，效果图如图2-23所示。

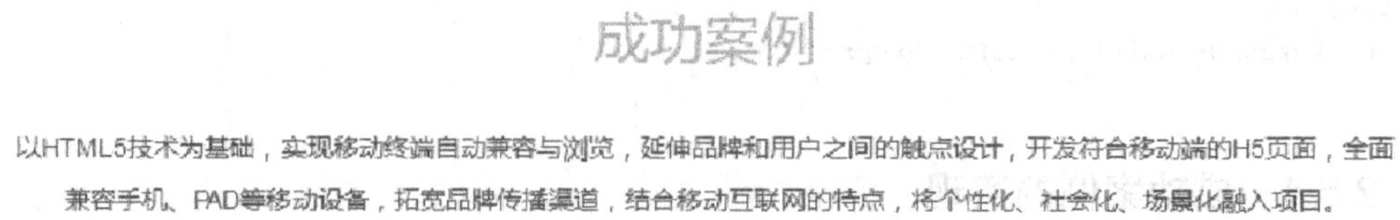

成功案例

以HTML5技术为基础，实现移动终端自动兼容与浏览，延伸品牌和用户之间的触点设计，开发符合移动端的H5页面，全面兼容手机、PAD等移动设备，拓宽品牌传播渠道，结合移动互联网的特点，将个性化、社会化、场景化融入项目。

图2-23

所以这部分的实现代码可以复制解决方案的代码。只需要按照效果图修改代码的文字内容即可。修改代码如下：

```
<div class="container">
    <h2 class="common-title text-center">成功案例</h2>
    <div class="row">
        <div class="common-detail text-center col-lg-8 col-lg-offset-2">以 HTML5 技术为基础，实现移动终端自动兼容与浏览，延伸品牌和用户之间的触点设计，开发符合移动端的 H5 页面，全面兼容手机、PAD 等移动设备，拓宽品牌传播渠道，结合移动互联网的特点，将个性化、社会化、场景化融入项目。</div>
    </div>
</div>
```

步骤2：成功案例的图片列表部分，采用栅格系统实现，实现代码如下：

```
<div class="row ">
    <div class="col-lg-3"><img src="images/pic01.jpg"></div>
    <div class="col-lg-3 "><img src="images/pic02.jpg"></div>
    <div class="col-lg-3 "><img src="images/pic03.jpg"></div>
    <div class="col-lg-3 "><img src="images/pic04.jpg"></div>
    <div class="col-lg-3 "><img src="images/pic05.jpg"></div>
    <div class="col-lg-3 "><img src="images/pic06.jpg"></div>
    <div class="col-lg-3 "><img src="images/pic07.jpg"></div>
    <div class="col-lg-3"><img src="images/pic08.jpg"></div>
</div>
```

步骤3：定制 index.css。

● 解决效果显示问题 1：设置上边距。实现代码如下：

```
.case-list{
    margin-top:75px;
}
```

● 解决效果显示问题 2：缩放图片。实现代码如下：

```
.case-list img{
    width:100%;
}
```

步骤4：解决成功案例在大屏幕端、中屏幕端、小屏幕端的效果显示问题。使用全局CSS3 样式—响应式工具。实现代码如下：

```
<div class="row case-list">
        <div class="col-lg-3 col-md-3 col-sm-4 col-xs-6"><img src="images/pic01.jpg"></div>
        <div class="col-lg-3 col-md-3 col-sm-4 col-xs-6"><img src="images/pic02.jpg"></div>
        <div class="col-lg-3 col-md-3 col-sm-4 col-xs-6"><img src="images/pic03.jpg"></div>
        <div class="col-lg-3 col-md-3 col-sm-4 col-xs-6"><img src="images/pic04.jpg"></div>
        <div class="col-lg-3 col-md-3 col-sm-4 col-xs-6"><img src="images/pic05.jpg"></div>
        <div class="col-lg-3 col-md-3 col-sm-4 col-xs-6"><img src="images/pic06.jpg"></div>
        <div class="col-lg-3 col-md-3 col-sm-4 col-xs-6"><img src="images/pic07.jpg"></div>
        <div class="col-lg-3 col-md-3 col-sm-4 col-xs-6"><img src="images/pic08.jpg"></div>
    </div>
```

步骤 5：定制 index.css。

● 解决效果显示问题 1：去掉图片的边距。实现代码如下：

```
.case-list .col-lg-3{
    padding:0px;
}
```

● 解决效果显示问题 2：添加左、右边距。使用粗体标记的代码是按照效果图修改后的代码。实现代码如下：

```
.case-list{
    margin-top:75px;
    padding-left:15px;
    padding-right:15px;
}
```

步骤 6：定制 index.css。自定义超小屏幕端响应式样式。实现代码如下：

```
@media(max-width:500px){
  .case-list .col-xs-6{
     width:100%;
  }
}
```

步骤 7：解决效果显示问题，制作遮罩文字。使用粗体标记的代码是按照效果图修改后的代码。实现代码如下：

```
<div class="col-lg-3 col-md-3 col-sm-4 col-xs-6"><img src="images/pic01.jpg">
        <div class="mask">
<h4>网站建设</h4>
        <p> 品牌展示网站、官方门户网站、营销网站建设、电商平台开发</p>
        </div>
    </div>
```

步骤 8：定制 index.css。使用定位功能解决效果显示问题。使用粗体标记的代码是按照效果图修改后的代码。实现代码如下：

```
.case-list .col-lg-3{
    padding:0px;
    position: relative;
}
```

```
.case-list .col-lg-3 .mask{
    position:absolute;
    left:0px;
    top:0px;
    width:100%;
    height:100%;
    background-color:#b5cd42;
    color:#fff;
    padding:10px;
    display:none;
}
.case-list .col-lg-3:hover .mask{
    display:block;
}
```

2.5.5 合作伙伴的实现分析

合作伙伴的实现主要使用的 Bootstrap 框架有栅格系统、响应式，大部分效果需要定制样式。合作伙伴的实现效果图如图 2-24 所示，具体实现分析如图 2-25 所示。

图 2-24

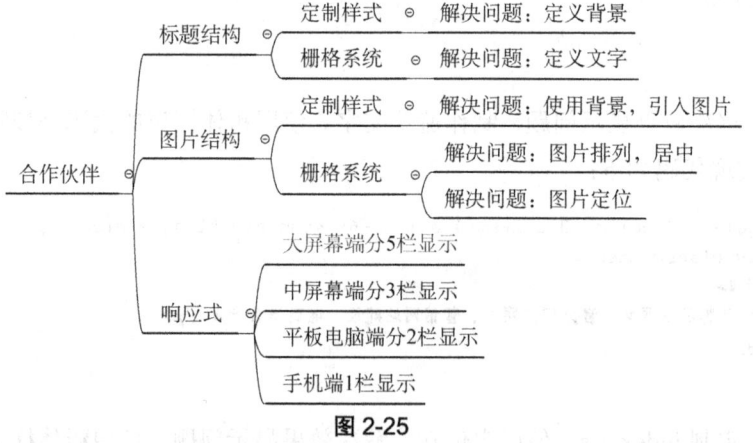

图 2-25

步骤 1：合作伙伴的标题效果与成功案例的实现效果一样，所以这部分代码可以复制本章 2.5.3 解决方案的实现步骤 1 的代码。只需要按照效果图修改代码中的文字内容即可。注意这部分的背景是蓝色，所以需要定制样式。实现代码如下：

```
<div class="container-fluid blue-bg">
  <div class="container">
    <h2 class="common-title text-center">合作伙伴</h2>
    <div class="row">
      <div class="common-detail text-center">我们有众多的合作伙伴</div>
    </div>
  </div>
</div>
```

步骤 2：定制 index.css。

● 解决效果显示问题 1：定义背景。实现代码如下：

```
.blue-bg{
    background-color:#2c8fba;
}
```

● 解决效果显示问题 2：定义文字。实现代码如下：

```
.blue-bg .common-title{
    color:#fff;
}
.blue-bg .common-detail{
    color:#fff;
}
```

步骤 3：解决效果显示问题，设置图片的排列，采用栅格系统，实现代码如下：

```
<div class="row logo-list">
      <div class="col-lg-2"><a href="" class="logo02"></a></div>
      <div class="col-lg-2"><a href="" class="logo03"></a></div>
      <div class="col-lg-2"><a href="" class="logo04"></a></div>
      <div class="col-lg-2"><a href="" class="logo05"></a></div>
      <div class="col-lg-2"><a href="" class="logo06"></a></div>
  </div>
```

步骤 4：定制 index.css。使用定位功能，解决效果显示问题。

● 解决效果显示问题 1：引入图片样式。实现代码如下：

```
.logo-list a{
    display:block;
    width:200px;
    height:180px;
    background:url(../images/logos.png) left top no-repeat;
    margin:0 auto;
}
```

● 解决效果显示问题 2：设置图片排列居中。实现代码如下：

```
.logo-list .col-lg-2{
    width:20%;
}
```

● 解决效果显示问题 3：设置图片定位。实现代码如下：

```
.logo-list .logo02{
    background-position: left -180px;
}
.logo-list .logo03{
    background-position: left -360px;
}
.logo-list .logo04{
    background-position: left -540px;
}
.logo-list .logo05{
    background-position: left -720px;
}
```

步骤 5：定制 index.css。解决大屏幕端、中屏幕端、小屏幕端效果显示问题。采用全局 CSS3 样式—响应式工具。实现代码如下：

```
@media(max-width:1200px){
  .logo-list .col-lg-2{
  width:33%;
  float:left;
}
}
@media(max-width:992px){
  .logo-list .col-lg-2{
  width:50%;
  float:left;
}
}
@media(max-width:768px){
  .logo-list .col-lg-2{
  width:100%;
}
}
```

步骤 6：定制 index.css。使用定位功能，解决下边距效果显示问题。使用粗体标记的代码是按照效果图修改后的代码。实现代码如下：

```
.logo-list{
    margin-bottom: 40px;
}
```

2.5.6　友情链接的实现分析

友情链接的实现主要使用的 Bootstrap 框架有栅格系统、响应式，大部分效果需要定制样式。友情链接的实现效果图如图 2-26 所示（该效果图仅用于展示，内有重复内容不必在意，读者可自行设计），具体实现分析如图 2-27 所示。

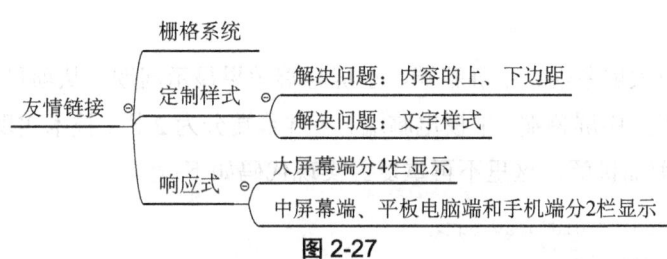

图 2-26

友情链接
- 栅格系统
- 定制样式
  - 解决问题：内容的上、下边距
  - 解决问题：文字样式
- 响应式
  - 大屏幕端分4栏显示
  - 中屏幕端、平板电脑端和手机端分2栏显示

图 2-27

步骤 1：构建内容结构主要采用栅格系统。从图 2-26 可以看出这部分内容分为 4 栏，每栏的内容和结构完全相同，此处省略号省去的是第 2、3、4 栏的内容和结构，请复制三份以下的示例代码，修改文字内容即可。实现代码如下：

```html
<div class="container-fluid gray-bg">
  <div class="container">
    <div class="row links-list">
    <div class="col-lg-3">
      <dt>公司</dt>
      <dd><a href="">关于我们</a></dd>
      <dd><a href="">公司招聘</a></dd>
      <dd><a href="">公司团队</a></dd>
      <dd><a href="">版权</a></dd>
      <dd><a href="">使用条款</a></dd>
      <dd><a href="">隐私政策</a></dd>
      <dd><a href="">联系我们</a></dd>
    </div>
    ……
    </div>
  </div>
</div>
```

步骤 2：定制 index.css。

● 解决效果显示问题 1：设置内容的上、下边距。实现代码如下：

```css
.links-list{
    margin-top:72px;
    margin-bottom:72px;
}
```

● 解决效果显示问题 2：定义文字样式。实现代码如下：

```
.links-list dt{
    font-size:20px;
    color:#191919;
    line-height:1;
    margin-bottom: 10px;
}
.links-list dd{
    line-height: 30px;
}
.links-list dd a{
    color:#a0a0a0;
}
```

步骤3：解决大屏幕端、中屏幕端、小屏幕端效果显示问题。从项目效果图可以看出大屏幕端分为4栏，中屏幕端、平板电脑端、小屏幕端分为2栏。技术实现采用栅格系统，操作步骤已经在前面讲解，这里不再重复。实现代码如下：

```
<div class="container-fluid gray-bg">
  <div class="container">
    <div class="row links-list">
    <div class="col-lg-3 col-md-6 col-sm-6 col-xs-6">
      <dt>公司</dt>
      <dd><a href="">关于我们</a></dd>
      <dd><a href="">公司招聘</a></dd>
      <dd><a href="">公司团队</a></dd>
      <dd><a href="">版权</a></dd>
      <dd><a href="">使用条款</a></dd>
      <dd><a href="">隐私政策</a></dd>
      <dd><a href="">联系我们</a></dd>
    </div>
    ......
    </div>
  </div>
</div>
```

2.5.7 尾部版权的实现

尾部版权部分的实现主要采用定制 index.css 样式，结构采用栅格系统。尾部版权的实现效果图如图 2-28 所示。

© 2017 Comlogo.All Rights Reserved.   HOME ABOUT US FAP CONTACT US

图 2-28

步骤1：采用栅格系统和全局 CSS3 样式中的响应式工具来布局结构，实现代码如下：

```
<div class="container-fluid dark-bg">
  <div class="container">
    <div class="row footer">
      <div class="col-lg-6 text-left col-md-6 col-sm-6">
        © 2017 Comlogo.All Rights Reserved.
```

```
        </div>
      <div class="col-lg-6 text-right col-md-6 col-sm-6">
        <a href="">HOME</a>
        <a href="">ABOUT US</a>
        <a href="">FAP</a>
        <a href="">CONTACT US</a>
         </div>
    </div>
</div>
```

步骤 2：定制 index.css。解决效果显示问题，实现代码如下：

```
.dark-bg{
    background-color: #2e2e2e;
    border-top:5px solid #2994bf;
}
.footer{
    min-height:82px;
}
.footer .text-left{
    color:#fff;
    line-height:82px;
}
.footer .text-right{
    line-height: 82px;
}
.footer .text-right a{
    color:#fff;
    padding-left:10px;
}
```

步骤 3：定制 index.css。解决小屏幕端效果显示问题，实现代码如下：

```
@media(max-width: 768px){
  .footer .text-left{
            line-height:60px;
  }
  .footer .text-right{
    text-align:left;
    line-height:20px;
    margin-bottom:15px;
  }
  .footer .text-right a{
  padding-left:0px;
  padding-right:10px;
  }
}
```

项目三

后台管理页面开发实战

3.1 项目介绍

本项目主要适合有一定网页制作基础知识的读者。了解 HTML 结构、DIV+CSS 布局和 CSS 样式，利用 Bootstrap 框架提供的样式，读者可以通过个性化定制来开发更加漂亮、个性化的网站。这里需要利用 CSS 重新定制样式。

通过本项目的学习，读者可以轻松利用 Bootstrap 框架来开发后台管理网站。

基于 Bootstrap 的后台管理框架页面，能够为前端技术掌握得不是太好，又想制作后台管理页面的读者提供一个不错的前端页面模板。

该后台管理页面，采用 Bootstrap 前端框架，能够兼容大屏幕、中屏幕、小屏幕等设备，外观简洁。

目前，这套基于 Bootstrap 的后台管理静态页面包含以下页面。

（1）后台首页

后台首页包括导航条、警告框、网站数据统计、网站热帖、今日访客统计、服务器状态、团队留言板、发表留言、团队联系方式、尾部等功能。

（2）用户管理页面

用户管理页面包括用户列表、用户搜索、添加用户等功能。

（3）内容管理页面

内容管理页面包括文章列表、添加内容等功能。

（4）标签管理页面

标签管理页面包括添加标签、标签列表、删除标签等功能。

3.2　项目效果

① 后台首页效果如图 3-1 所示。

图 3-1

② 用户管理页面效果如图 3-2 所示。

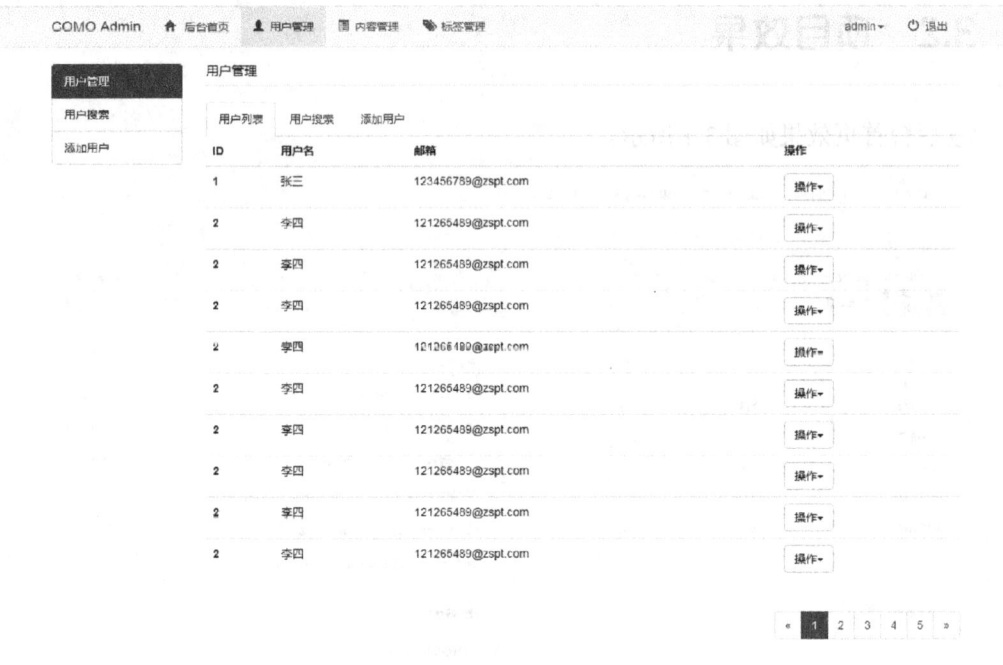

图 3-2

③ 用户搜索页面效果如图 3-3 所示。

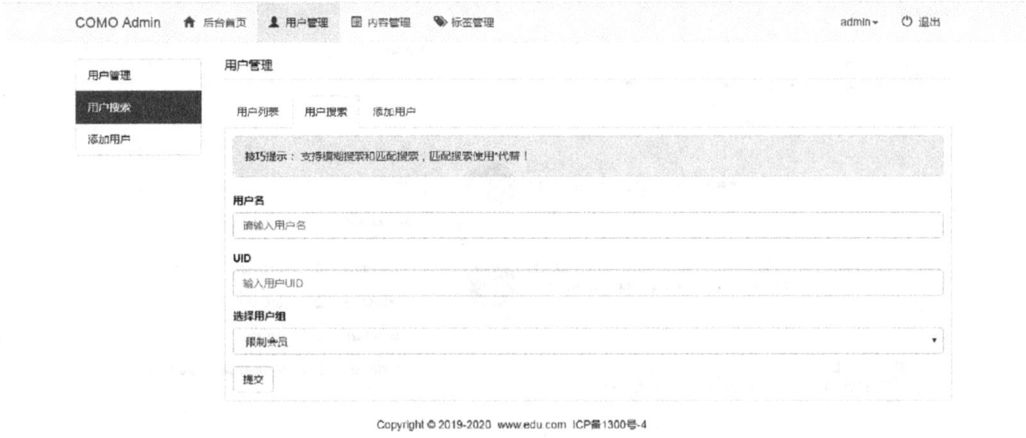

图 3-3

④ 添加用户页面效果如图 3-4 所示。

⑤ 内容管理页面效果如图 3-5 所示。

⑥ 添加内容页面效果如图 3-6 所示。

图 3-4

文章标题	作者	发布时间	操作
发挥特长 迅速反应 多语种输出助力国际战"疫"	李豪志	2015/08/08	操作▾
凝聚青年力量，助力营销创新	李豪志	2015/08/08	操作▾
学术出版分社：凝心聚力、创新探索，书写新篇章	李豪志	2015/08/08	操作▾
C语言const修饰符的怎么使用？	李豪志	2015/08/08	操作▾
Android开发用onCreateOptionsMenu()如何创	李豪志	2015/08/08	操作▾
怎样才能成为优秀的IOS开发工程师	李豪志	2015/08/08	操作▾
Android今年推出了些什么新技术？	李豪志	2015/08/08	操作▾

« 1 2 3 4 6 »

图 3-5

标题
请输入文章标题

文章内容
请输入文章正文部分

☐ 全局置顶   发布文章

图 3-6

⑦ 标签管理页面效果如图 3-7 所示。

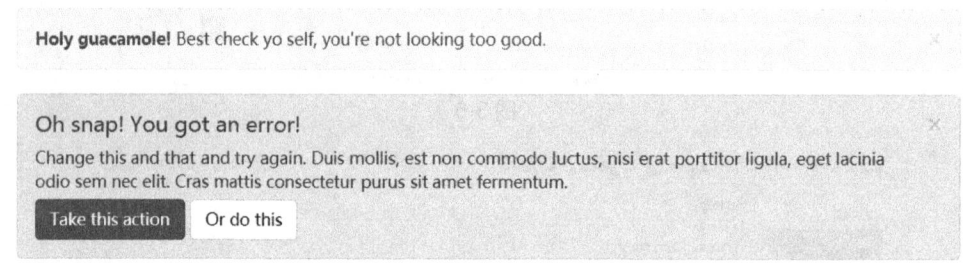

图 3-7

3.3 重点知识

3.3.1 Bootstrap 组件——警告框

警告框在交互式网页中，经常要根据用户操作的上下文为用户提供灵活的提示信息，如操作成功、操作失败、错误提示等。

Bootstrap 的警告框组件为这些提示信息提供样式支持。警告框的关闭行为还需要警告框插件（alert.js）的支持。如果要创建可以关闭的警告框，还必须引入 alert.js 文件。

这里主要讲解 Bootstrap 官方网站（https://v3.bootcss.com/javascript/ #alerts）中的实例。

1. 警告框效果

警告框效果如图 3-8 所示。

Holy guacamole! Best check yo self, you're not looking too good.

Oh snap! You got an error!
Change this and that and try again. Duis mollis, est non commodo luctus, nisi erat porttitor ligula, eget lacinia odio sem nec elit. Cras mattis consectetur purus sit amet fermentum.

Take this action   Or do this

图 3-8

2. 实现代码

以上运行效果的实现代码如下：

```
<div class="alert alert-warning alert-dismissible fade in" role="alert">
  <button type="button" class="close" data-dismiss="alert" aria-label="Close"><span aria-hidden="true">×</span></button>
  <strong>Holy guacamole!</strong> Best check yo self, you're not looking too good.
</div>
<div class="alert alert-danger alert-dismissible fade in" role="alert">
  <button   type="button"   class="close"   data-dismiss="alert"   aria-label="Close"><span aria-hidden="true">×</span></button>
```

```
<h4>Oh snap! You got an error!</h4>
 <p>Change this and that and try again. Duis mollis, est non commodo luctus, nisi erat porttitor
ligula, eget lacinia odio sem nec elit. Cras mattis consectetur purus sit amet fermentum.</p>
 <p>
   <button type="button" class="btn btn-danger">Take this action</button>
   <button type="button" class="btn btn-default">Or do this</button>
 </p>
</div>
```

3. 代码分析

Bootstrap 警告框插件（alert.js）需要 bootstrap-alert.js 文件的支持，在使用该插件之时，应该先导入 jQuery 和 bootstrap-alert.js 文件。

（1）使用方法

Bootstrap 仅仅为警告框提供了一个关闭功能，可以通过 JavaScript 为某个警告框添加关闭功能。实现代码如下：

```
<script>
$(".alert").alert('close')
</script>
```

如果不使用 JavaScript，只需在 HTML 代码中将 data-dismiss="alert"属性添加到警告框的链接或按钮上，即自动为某个警告框赋予关闭功能。实现代码如下：

```
<div class="alert">
 <a class="close" data-dismiss="alert" href="#">&times;</a>
 ...
</div>
```

如果希望警告框以动画方式关闭，则要在 HTML 代码中，给最外层的容器同时添加.fade 和.in 类。实现代码如下：

```
<div class="alert fade in">
 ...
</div>
```

（2）Bootstrap 的警告框组件

① 创建警告框。

将任意文本和一个可选的关闭按钮组合在一起，就能组成一个警告框。默认的警告框可以通过一个.alert 类的<div>元素创建。但是，默认的灰色警告框并没有多大意义，应该使用一种有意义的情景类。

Bootstrap 为警告框提供了四个情景类：.alert-success、.alert-info、.alert-warning、.alert-danger，分别表示成功、消息、警告、危险。这些情景类通过警告框的文本颜色和背景颜色，给警告框赋予一定的含义。四类警告框的运行效果如图 3-9 所示。

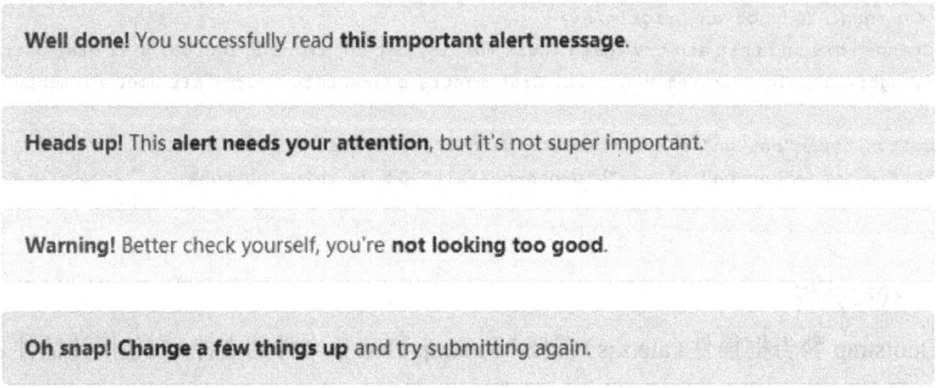

Well done! You successfully read **this important alert message**.

Heads up! This **alert needs your attention**, but it's not super important.

Warning! Better check yourself, you're **not looking too good**.

Oh snap! **Change a few things up** and try submitting again.

图 3-9

以上运行效果的实现代码如下：

```html
<div class="alert alert-success" role="alert">
 <strong>Well done!</strong> You successfully read this important alert message.
</div>
<div class="alert alert-info" role="alert">
 <strong>Heads up!</strong> This alert needs your attention, but it's not super important.
</div>
<div class="alert alert-warning" role="alert">
 <strong>Warning!</strong> Better check yourself, you're not looking too good.
</div>
<div class="alert alert-danger" role="alert">
 <strong>Oh snap!</strong> Change a few things up and try submitting again.
</div>
```

② 可关闭的警告框。

为警告框添加一个可选的.alert-dismissible 类和一个关闭按钮，就可以为警告框组件提供关闭功能。关闭按钮可以使用.close 的任何元素定义，无论使用什么元素，都必须使用.close 类，并包含 data-dismiss="alert" 属性，.close 类用于显示'×'符号，data-dismiss 属性用来执行关闭动作。运行效果如图 3-10 所示。

Warning! Better check yourself, you're not looking too good.

图 3-10

以上运行效果的实现代码如下：

```html
<div class="alert alert-warning alert-dismissible" role="alert">
 <button type="button" class="close" data-dismiss="alert">&times;</button>
 <strong>Warning!</strong> Better check yourself, you're not looking too good.
</div>
```

使用<a>定义关闭按钮时，在移动版的 Safari 和 Opera 浏览器中，还需要包含 href="#"属性。使用<button>时，还必须包含 type="button"属性，否则将无法执行关闭动作。示例代码如下：

```
<a href="#" class="close" data-dismiss="alert">&times;</a>
<button type="button" class="close" data-dismiss="alert">&times;</button>
```

另外，由于警告框组件的关闭功能依赖 JavaScript 插件，因此，为警告框组件提供关闭功能时，必须引入警告框插件 alert.js 文件。

③ 警告框中的链接。

在警告框中加入链接，以便让用户可以跳转到某个地方或新的页面。如果警告框中包含链接，请使用.alert-link 工具类，它可以确保为链接设置与当前警告框匹配的颜色。Bootstrap 对警告框中的链接文本的颜色进行相应的加深，并对字体进行加粗显示。运行效果如图 3-11 所示。

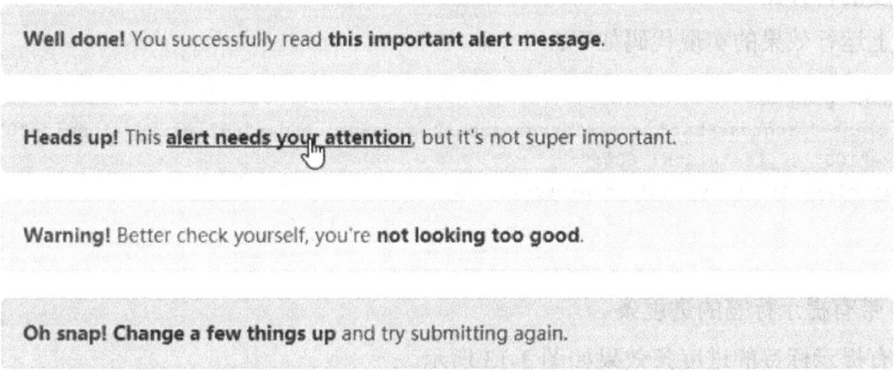

Well done! You successfully read **this important alert message**.

Heads up! This **alert needs your attention**, but it's not super important.

Warning! Better check yourself, you're **not looking too good**.

Oh snap! **Change a few things up** and try submitting again.

图 3-11

以上运行效果的实现代码如下：

```
<div class="alert alert-success" role="alert">
 <strong>Well done!</strong> You successfully read <a href="#" class="alert-link">this important
alert message</a>.
</div>
<div class="alert alert-info" role="alert">
 <strong>Heads up!</strong> This <a href="#" class="alert-link">alert needs your attention
</a>, but it's not super important.
</div>
<div class="alert alert-warning" role="alert">
 <strong>Warning!</strong> Better check yourself, you're <a href="#" class="alert-link">not
looking too good</a>.
</div>
<div class="alert alert-danger" role="alert">
 <strong>Oh snap!</strong> <a href="#" class="alert-link">Change a few things up</a> and try
submitting again.
</div>
```

3.3.2　Bootstrap 组件——进度条

Bootstrap 提供了多种漂亮的进度条，可以用来表示加载、跳转等正在执行中的状态。

进度条本身只是一个静态元素，要让它拥有交互能力，还需要 JavaScript 代码的配合。

这里主要讲解 Bootstrap 官方网站（https://v3.bootcss.com/components/#progress）中的实例。

1．基本进度条

进度条效果如图 3-12 所示。

图 3-12

进度条由嵌套的两层结构定义：外层结构用于创建进度条的容器，使用.progress 类定义；内层结构用于创建进度条，使用.bar 类定义，并通过 CSS 的 width 属性值来设置任务执行进度的百分比。

以上运行效果的实现代码如下：

```
<div class="progress">
  <div class="progress-bar" role="progressbar" aria-valuenow="60" aria-valuemin="0" aria-
valuemax="100" style="width: 60%;">
    <span class="sr-only">60% Complete</span>
  </div>
</div>
```

2．带有提示标签的进度条

带有提示标签的进度条效果如图 3-13 所示。

图 3-13

将设置了.sr-only 类的<span>标签从进度条组件中移除类，从而让当前进度显示出来。

以上运行效果的实现代码如下：

```
<div class="progress">
  <div class="progress-bar" role="progressbar" aria-valuenow="60" aria-valuemin="0" aria-
valuemax="100" style="width: 60%;">
    60%
  </div>
</div>
```

在展示进度条很低的任务执行百分比时，如果想要文本提示能够清晰可见，可以为进度条设置 min-width 属性。运行效果如图 3-14 所示。

图 3-14

以上运行效果的实现代码如下：

```
<div class="progress">
  <div class="progress-bar" role="progressbar" aria-valuenow="0" aria-valuemin="0" aria-
valuemax="100" style="min-width: 2em;">
    0%
  </div>
</div>
<div class="progress">
  <div class="progress-bar" role="progressbar" aria-valuenow="2" aria-valuemin="0" aria-
valuemax="100" style="min-width: 2em; width: 2%;">
    2%
  </div>
</div>
```

3. 情景变化效果

（1）情景变化效果的实现

进度条组件使用与按钮和警告框组件相同的类，根据不同情景展现相应的效果。除了默认的蓝色进度条，Bootstrap 还为进度条提供了一组情景样式类，包括.progress-bar-success、.progress-bar-info、.progress-bar-warning、.progress-bar-danger，它们分别用来创建绿色、蓝色、橙色或红色进度条。这些情景类用于根据不同的上下文展现相应的效果。运行效果如图 3-15 所示。

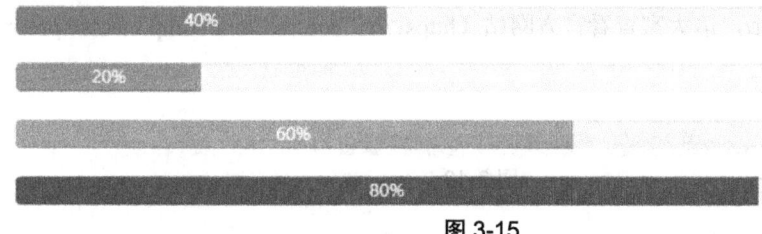

图 3-15

（2）实现代码

以上运行效果的实现代码如下：

```
<div class="progress">
 <div class="progress-bar progress-bar-success" style="width: 40%">40%</div>
</div>
<div class="progress">
 <div class="progress-bar progress-bar-info" style="width: 20%">20%</div>
</div>
<div class="progress">
 <div class="progress-bar progress-bar-warning" style="width: 60%">60%</div>
</div>
<div class="progress">
 <div class="progress-bar progress-bar-danger" style="width: 80%">80%</div>
</div>
```

4. 条纹效果

通过渐变可以为进度条创建条纹效果，IE 9 及更低版本的浏览器不支持。运行效果如

图3-16所示。具体代码不在这里展示,请大家查看官方网站(https://v3.bootcss.com/components/#progress)进行下载。

图 3-16

5. 动画效果

为.progress-bar-striped 添加.active 类，使其呈现出出右向左运动的动画效果。IE9 及更低版本的浏览器不支持。运行效果如图 3-17 所示。具体代码不在这里展示，请大家查看官方网站（https://v3.bootcss.com/components/#progress）进行下载。

图 3-17

6. 堆叠效果

将多个进度条放入同一个.progress，使它们呈现出堆叠的效果，运行效果如图 3-18 所示。具体代码不在这里展示，请大家查看官方网站（https://v3.bootcss.com/components/#progress）进行下载。

图 3-18

3.3.3 Bootstrap 组件——页头

页头组件能够为 h1 标签增加适当的空间，并且与页面的其他部分形成一定的分隔。它支持 h1 标签内嵌 small 元素的默认效果，还支持大部分其他组件（需要增加一些额外的样式）的运用。

这里主要讲解 Bootstrap 官方网站（https://v3.bootcss.com/components/#page-header）中的实例。运行效果如图 3-19 所示。

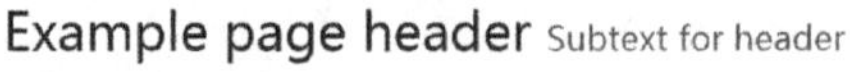

Example page header Subtext for header

图 3-19

以上运行效果的实现代码如下：

```
<div class="page-header">
  <h1>Example page header <small>Subtext for header</small></h1>
</div>
```

3.3.4　Bootstrap 组件——下拉菜单

下拉菜单是一种非常常见的功能，用于展示可切换、有关联的一组链接，它可以节省网页排版空间，使网页布局简洁、有序。

Bootstrap 内置了一套完整的下拉菜单组件，可适用于不同的元素，如导航、按钮等。配合其他元素，我们还可以设计出形式多样的菜单效果。下拉菜单还可以包含子菜单。

这里主要讲解 Bootstrap 官方网站（https://v3.bootcss.com/components/#dropdowns）中的实例。

1. 创建下拉菜单

① 下拉菜单效果如图 3-20 所示。

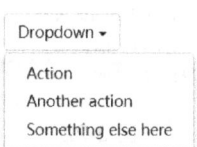

图 3-20

② 将下拉菜单触发器和下拉菜单都包含在 .dropdown 里，然后加入组成菜单的 HTML 代码。实现代码如下：

```
<div class="dropdown">
  <button class="btn btn-default dropdown-toggle" type="button" id="dropdownMenu1"
data-toggle="dropdown" aria-haspopup="true" aria-expanded="true">
    Dropdown
    <span class="caret"></span>
  </button>
  <ul class="dropdown-menu" aria-labelledby="dropdownMenu1">
    <li><a href="#">Action</a></li>
    <li><a href="#">Another action</a></li>
    <li><a href="#">Something else here</a></li>
    <li role="separator" class="divider"></li>
    <li><a href="#">Separated link</a></li>
  </ul>
</div>
```

③ 通过为下拉菜单的父元素设置 .dropup 类，可以让菜单向上弹出（默认是向下弹出的）。运行效果如图 3-21 所示。

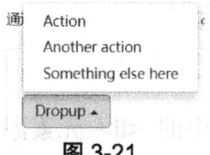

图 3-21

④ 对齐。默认情况下，下拉菜单自动沿着父元素的上沿和左侧被定位为 100% 宽度。

为.dropdown-menu 添加.dropdown-menu-right 类可以让菜单右对齐。实现代码如下：

```
<ul class="dropdown-menu dropdown-menu-right" aria-labelledby="dLabel">
  ...
</ul>
```

⑤ 标题。在任何下拉菜单中均可通过添加标题来标明一组动作。运行效果如图 3-22
所示。

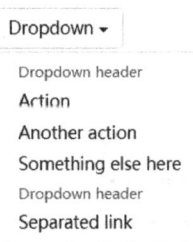

图 3-22

以上运行效果的实现代码如下：

```
<ul class="dropdown-menu" aria-labelledby="dropdownMenu3">
  ...
  <li class="dropdown-header">Dropdown header</li>
  ...
</ul>
```

⑥ 分割线。为下拉菜单添加一条分割线，用于将多个链接分组。运行效果如图 3-23 所示。

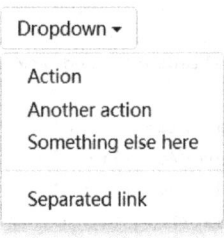

图 3-23

以上运行效果的实现代码如下：

```
<ul class="dropdown-menu" aria-labelledby="dropdownMenuDivider">
  ...
  <li role="separator" class="divider"></li>
  ...
</ul>
```

⑦ 禁用的菜单项。为下拉菜单中的 <li> 元素添加.disabled 类，从而禁用相应的菜单
项。运行效果如图 3-24 所示。

图 3-24

以上运行效果的实现代码如下：

```
<ul class="dropdown-menu" aria-labelledby="dropdownMenu4">
  <li><a href="#">Regular link</a></li>
  <li class="disabled"><a href="#">Disabled link</a></li>
  <li><a href="#">Another link</a></li>
</ul>
```

3.3.5　Bootstrap 全局 CSS 样式——表格

这里主要讲解 Bootstrap 官方网站（https://v3.bootcss.com/css/#tables）中的实例。

1. 基本表格

基本表格效果如图 3-25 所示。

#	First Name	Last Name	Username
1	Mark	Otto	@mdo
2	Jacob	Thornton	@fat
3	Larry	the Bird	@twitter

图 3-25

以上运行效果的实现代码如下（因代码较多，此处省略，在本书附加资料中展示）：

```
<table class="table">
  ...
</table>
```

2. 条纹状表格

通过.table-striped 类可以给<tbody>之内的每行增加斑马条纹样式。运行效果如图 3-26 所示。

#	First Name	Last Name	Username
1	Mark	Otto	@mdo
2	Jacob	Thornton	@fat
3	Larry	the Bird	@twitter

图 3-26

以上运行效果的实现代码如下：

```
<table class="table table-striped">
  ...
</table>
```

3. 带边框的表格

添加.table-bordered 类为表格和其中的每个单元格增加边框。运行效果如图 3-27 所示。

#	First Name	Last Name	Username
1	Mark	Otto	@mdo
2	Jacob	Thornton	@fat
3	Larry	the Bird	@twitter

图 3-27

以上运行效果的实现代码如下：

```
<table class="table table-bordered">
  ...
</table>
```

4. 鼠标悬停

通过添加.table-hover 类可以让<tbody>中的每行对鼠标悬停状态做出响应。运行效果如图 3-28 所示。

#	First Name	Last Name	Username
1	Mark	Otto	@mdo
2	Jacob	Thornton	@fat
3	Larry	the Bird	@twitter

图 3-28

以上运行效果的实现代码如下：

```
<table class="table table-hover">
  ...
</table>
```

5. 紧缩表格

通过添加.table-condensed 类可以让表格更加紧凑，单元格中的内补（padding）均会减半。运行效果如图 3-29 所示。

#	First Name	Last Name	Username
1	Mark	Otto	@mdo
2	Jacob	Thornton	@fat
3	Larry the Bird		@twitter

图 3-29

以上运行效果的实现代码如下：

```
<table class="table table-condensed">
  ...
</table>
```

6. 状态类

Bootsrap 提供了状态类，可以为行或单元格设置颜色。类名及描述见表 3-1。

表 3-1

类　　名	描　　述
active	鼠标悬停在行或单元格上时所设置的颜色
success	表示成功或积极的动作
warning	表示普通的提示信息或动作
danger	表示警告或需要用户注意
info	表示危险或潜在的会带来负面影响的动作

具体效果请参考 Bootstrap 官方网站中的实例，这里不再详细介绍。

7. 响应式表格

将任何.table 元素包含在.table-responsive 元素内，即可创建响应式表格，其会在小屏幕设备（宽度小于 768px）上水平滚动。当屏幕大于 768px 宽度时，水平滚动条消失。实现代码如下：

```
<div class="table-responsive">
  <table class="table">
    ...
  </table>
</div>
```

3.3.6　Bootstrap 组件——模态框

模态框（modal）是覆盖在父窗体上的子窗体，是一个经常使用的组件。通常，使用模态框的目的是显示一个单独的弹出内容，可以在不离开父窗体的情况下与操作者有一些互动，一般用于提示信息、确认信息、表单、登录、注册等内容。模态框弹出时其他页面元素不可被选中。

这里主要讲解 Bootstrap 官方网站（https://v3.bootcss.com/javascript/#modals）中的实例。

1. 使用模态框的准备工作

使用模态框需要引入 bootstrap.min.css、jquery.min.js、bootstrap.min.js 这三个文件。

2. 模态框的基本使用

Bootstrap 的模态框主要分为三个部分：头部（header）、正文（body）和页脚（footer）。

模态框效果如图 3-30 所示。

图 3-30

以上运行效果的实现代码如下：

```
<div class="modal fade" tabindex="-1" role="dialog">
  <div class="modal-dialog" role="document">
    <div class="modal-content">
      <div class="modal-header">
        <button type="button" class="close" data-dismiss="modal" aria-label="Close"><span
aria-hidden="true">&times;</span></button>
        <h4 class="modal-title">Modal title</h4>
      </div>
      <div class="modal-body">
        <p>One fine body&hellip;</p>
      </div>
      <div class="modal-footer">
        <button type="button" class="btn btn-default" data-dismiss="modal">Close</button>
        <button type="button" class="btn btn-primary">Save changes</button>
      </div>
    </div><!-- /.modal-content -->
  </div><!-- /.modal-dialog -->
</div><!-- /.modal -->
```

要触发模态框需要添加链接或按钮，实现代码如下：

```
<a href="#" class="btn btn-lg btn-success" data-toggle="modal"
 data-target="#basicModal">Click to open Modal</a>
```

注意，link 元素有两个自定义数据属性：data-toggle 和 data-target。toggle 告诉 Bootstrap 要做什么，target 告诉 Bootstrap 要打开哪个元素。所以每当单击这样的链接时，都会出现一个 id 为"basicModal"的模态框。

模态框的父 div 应具有与上述触发元素中使用过的相同 ID。在我们的例子中 id= "basicModal"。

注意：父模态框元素中自定义属性 aria-labelledby 和 aria-hidden 让其可被访问。让所有人都能访问网站是一种很好的做法，所以应该使用这些属性，因为它们不会对模态框的普通功能产生负面影响。

在模态框的 HTML 代码中，我们可以看到一个封装 div 嵌套在父模态框 div 内。这个

div 的类 modal-content 告诉 bootstrap.js 文件在哪里查找模态框的内容。在这个 div 内，我们需要放置前面提到的三个部分：头部、正文和页脚。

模态框头部，用于给模态框添加一个标题或如"×"关闭按钮等其他元素。这些元素还应该有一个 data-dismiss 属性告诉 Bootstrap 哪个元素要隐藏。

模态框的正文可以看作一个打开的画布，可以在其中添加任何类型的数据，包括嵌入视频、图像或其他内容。

模态框的页脚。该区域默认为右对齐。在这个区域内，可以放置"保存""关闭""接受"等操作按钮，这些按钮与模态框需要表现的行为相关联。

3.3.7　Bootstrap 组件——弹出框

弹出框组件类似提示框，它在单击元素时显示，与提示框不同的是它可以显示更多的内容。

这里主要讲解 Bootstrap 官方网站（https://v3.bootcss.com/javascript/#popovers）中的实例。

1. 弹出框效果

弹出框的效果如图 3-31 所示。

图 3-31

2. 创建弹出框

① 通过对元素添加 data-toggle="popover"来创建弹出框。title 属性的内容为弹出框的标题，data-content 属性显示了弹出框的文本内容。实现代码如下：

```
<a href="#" data-toggle="popover" title="弹出框标题" data-content="弹出框内容">多次点我</a>
```

注意：弹出框要写在 jQuery 的初始化代码中，然后在指定的元素上调用 popover()方法。

② 以下实例可以在文档的任何地方使用弹出框。示例代码如下：

```
<body>
<div class="container">
  <h3>弹出框实例</h3>
  <a href="#" data-toggle="popover" title="弹出框标题" data-content="弹出框内容">多次点我</a>
</div>
<script>
$(document).ready(function(){
    $('[data-toggle="popover"]').popover();
});
</script>
```

```
</body>
</html>
```

③ 指定弹出框的位置。默认情况下弹出框显示在元素右侧。可以使用 data-placement 属性来设定弹出框显示的方向：top、bottom、left 或 right。实现代码如下：

```
<div class="container">
  <h3>弹出框实例</h3> <br><br><br><br><br>
  <a href="#" title="Header" data-toggle="popover" data-placement="top" data-content=
"Content">点我</a>
  <a href="#" title="Header" data-toggle="popover" data-placement="bottom" data-content=
"Content">点我</a>
  <a href="#" title="Header" data-toggle="popover" data-placement="left" data-content=
"Content">点我</a>
  <a href="#" title="Header" data-toggle="popover" data-placement="right" data-content=
"Content">点我</a>
</div>
<script>
$(document).ready(function(){
    $('[data-toggle="popover"]').popover();
});
</script>
```

④ 在按钮中使用弹出框。在模态框中，如果只需要弹出模态框而不用淡入淡出的效果,只要在 modal 元素中移除.fade 即可。可以通过 JavaScript 调用 id 来打开动态模态框。实现代码如下：

```
<div class="container">
  <h3>弹出框实例</h3> <br><br><br><br><br>
  <button type="button" class="btn btn-secondary" data-container="body" data-toggle=
"popover" data-placement="top" data-content="Vivamus sagittis lacus vel augue laoreet rutrum
faucibus.">
    Popover on top
  </button>
  <button type="button" class="btn btn-secondary" data-container="body" data-toggle=
"popover" data-placement="right" data-content="Vivamus sagittis lacus vel augue laoreet rutrum
faucibus.">
    Popover on right
  </button>
  <button type="button" class="btn btn-secondary" data-container="body" data-toggle=
"popover" data-placement="bottom" data-content="Vivamus
  sagittis lacus vel augue laoreet rutrum faucibus.">
    Popover on bottom
  </button>
  <button type="button" class="btn btn-secondary" data-container="body" data-toggle=
"popover" data-placement="left" data-content="Vivamus sagittis lacus vel augue laoreet rutrum
faucibus.">
    Popover on left
  </button>
</div>
<script>
$(document).ready(function(){
    $('[data-toggle="popover"]').popover();
```

```
});
</script>
```

⑤ 关闭弹出框。默认情况下，弹出框在再次单击指定元素时就会关闭，可以使用 data-trigger="focus" 属性来设置在单击元素外部区域时关闭弹出框。实现代码如下：

```
<div class="container">
  <h3>弹出框实例</h3> <br>
  <a href="#" title="取消弹出框" data-toggle="popover" data-trigger="focus" data-content="单击文档的其他地方关闭我">点我</a>
</div>

<script>
$(document).ready(function(){
    $('[data-toggle="popover"]').popover();
});
</script>
</body>
</html>
```

⑥ 如果想实现鼠标在移动到元素上时显示选中，移除后显示消失的效果，则可以使用 data-trigger 属性，并设置值为 "hover"。实现代码如下：

```
<div class="container">
  <h3>弹出框实例</h3> <br>
  <a href="#" title="Header" data-toggle="popover" data-trigger="hover" data-content="一些内容">鼠标移动到我这</a>
</div>
<script>
$(document).ready(function(){
    $('[data-toggle="popover"]').popover();
});
</script>
```

3.4 项目分析

3.4.1 后台首页的实现分析

后台首页主要分为导航条、警告框、网站数据统计、网站热帖、今日访客统计、服务器状态、团队留言板、发表留言、团队联系方式、尾部等十部分。

1. 导航条

导航条的具体实现分析如图 3-32 所示。

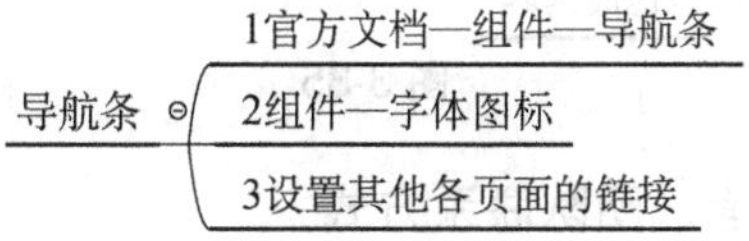

导航条 {
1官方文档—组件—导航条
2组件—字体图标
3设置其他各页面的链接
}

图 3-32

2. 警告框

警告框的具体实现分析如图 3-33 所示。

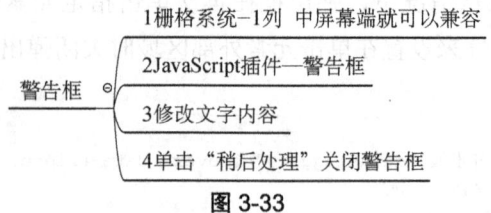

图 3-33

3. 网站数据统计和网站热帖

网站数据统计和网站热帖的具体实现分析如图 3-34 所示。

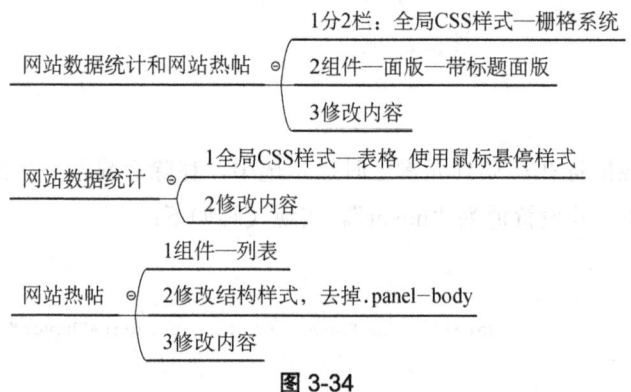

图 3-34

4. 今日访客统计、服务器状态

今日访客统计、服务器状态的具体实现分析如图 3-35 所示。

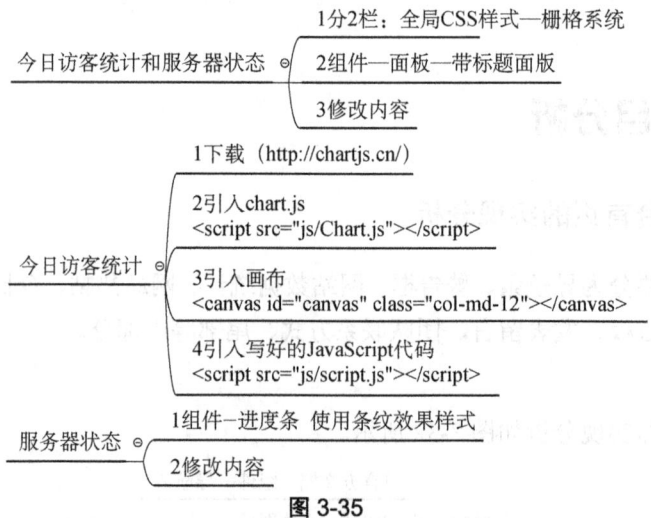

图 3-35

5. 团队留言板、发表留言、团队联系方式

团队留言板、发表留言、团队联系方式的具体实现分析如图 3-36 所示。

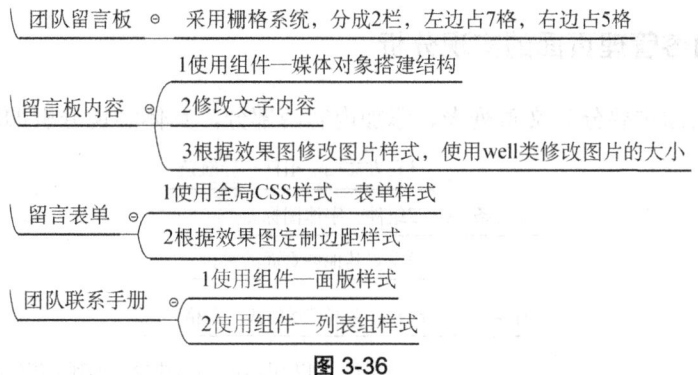

图 3-36

3.4.2 用户管理页面的实现分析

用户管理页面主要分为用户列表、用户搜索、添加用户三部分，具体实现分析如图 3-37 所示。

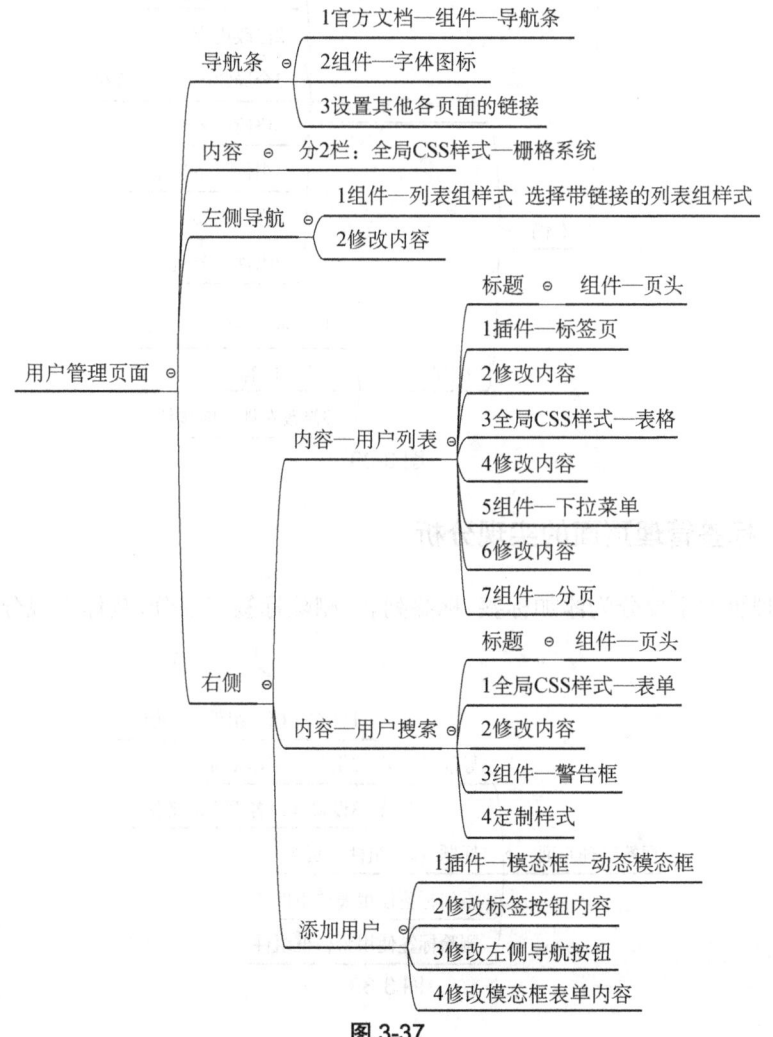

图 3-37

3.4.3 内容管理页面的实现分析

内容管理页面主要分为文章列表、添加内容两部分，具体实现分析如图 3-38 所示。

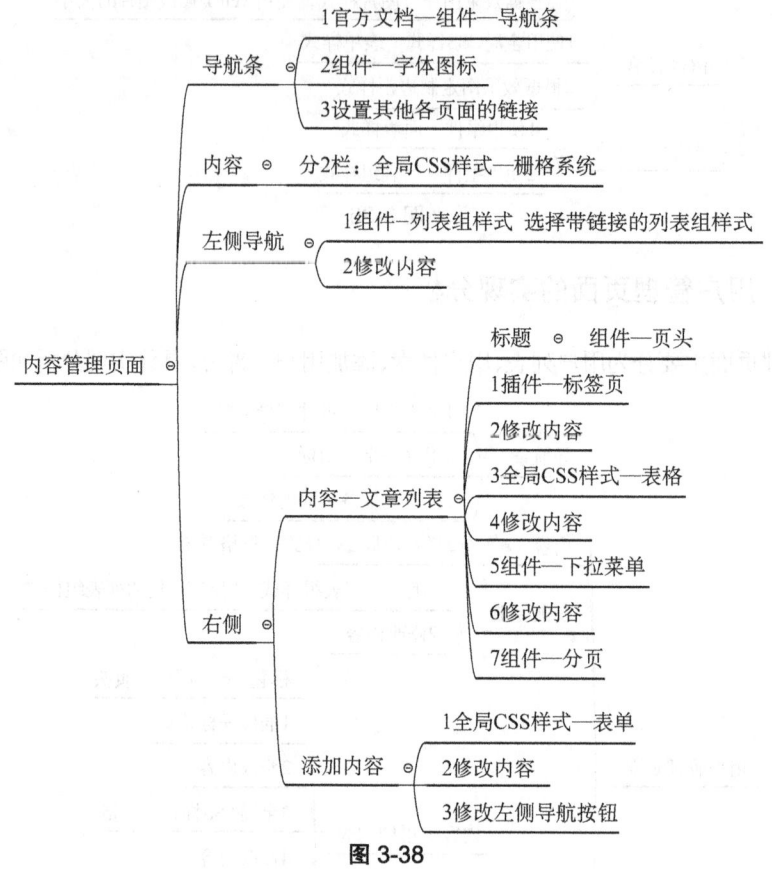

图 3-38

3.4.4 标签管理页面的实现分析

标签管理页面主要分为添加标签、标签列表、删除标签三部分，具体实现分析如图 3-39 所示。

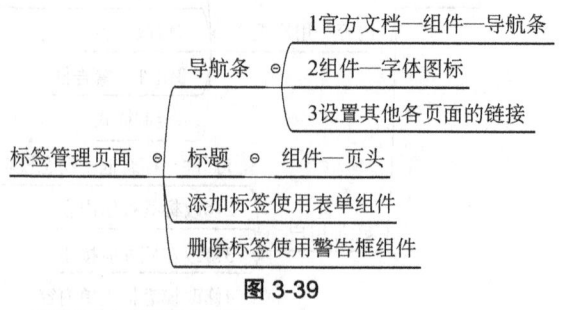

图 3-39

3.5 项目实现

本项目的实现用到的 Bootstrap 框架组件和全局 CSS3 样式及 JavaScript 插件，可以直接引用，这里不再详细讲解。

首先，搭建 Bootstrap 环境，请大家参考 1.3.1 节的内容，然后按照下面的步骤进行。

3.5.1 后台首页的实现

后台首页主要分为导航条、警告框、网站数据统计、网站热帖、今日访客统计、服务器状态、团队留言板、发表留言、团队联系方式及尾部等十部分进行详细介绍。

1. 导航条制作

步骤 1：建立后台首页 index.html，构建导航条基本内容。选择"官方文档"—"组件"—"导航条"选项，复制导航条代码，并根据效果图修改相关代码内容。这里只列出修改后的代码，见表 3-2。

表 3-2

序号	根据效果图修改后的代码
1	\<a class="navbar-brand" href="#">COMO Admin\</a>

2	\<div class="collapse navbar-collapse" id="bs-example-navbar-collapse-1">
	    \<ul class="nav navbar-nav">
	        \<li class="active">\<a href="#"> 后台首页 \<span class="sr-only">(current)\</span>\</a>\</li>
	        \<li>\<a href="#">用户管理\</a>\</li>
	        \<li>\<a href="#">内容管理\</a>\</li>
	        \<li>\<a href="#">标签管理 \</a>\</li>
	    \</ul>

3	\<li class="dropdown">
	    \<a href="#" class="dropdown-toggle" data-toggle="dropdown" role="button" aria-haspopup="true" aria-expanded="false">admin\<span class="caret">\</span>\</a>
	    \<ul class="dropdown-menu">
	        \<li>\<a href="#">前台首页\</a>\</li>
	        \<li>\<a href="#"> 个人主页 \</a>\</li>
	        \<li>\<a href="#"> 个人设置 \</a>\</li>
	        \<li>\<a href="#"> 账户中心 \</a>\</li>
	        \<li>\<a href="#"> 我的收藏 \</a>\</li>
	    \</ul>
	    \</li>
	\<li>\<a href="#">退出\</a>\</li>
	        \</ul>

步骤 2：导航条图标样式的设置。选择"官方文档"—"组件"—"Glyphicons 字体图标"（查找对应字体图标）选项。根据效果图修改相关代码内容。这里只列出修改后的

代码，见表 3-3。

表 3-3

序号	根据效果图修改后的代码

1	`<li class="active"><a href="#"><span class="glyphicon glyphicon-home"></span>  `后台首页 `<span class="sr-only">(current)</span></a></li>`
	`<li><a href="#"><span class="glyphicon glyphicon-user"></span>  `用户管理`</a></li>`
	`<li><a href="#"><span class="glyphicon glyphicon-list-alt"></span>  `内容管理`</a></li>`
	`<li><a href="#"><span class="glyphicon glyphicon-tags"></span>  `标签管理 `</a></li>`

2	`<li><a href="#"><span class="glyphicon glyphicon-screenshot"></span>  `前台首页`</a></li>`
	`<li><a href="#"> <span class="glyphicon glyphicon-user"></span>  `个人主页`</a></li>`
	`<li><a href="#"><span class="glyphicon glyphicon-cog"></span>  ` 个人设置 `</a></li>`
	`<li><a href="#"><span class="glyphicon glyphicon-credit-card"></span>  ` 账户中心 `</a></li>`
	`<li><a href="#"><span class="glyphicon glyphicon-heart"></span>  ` 我的收藏 `</a></li>`

3	`<li><a href="#"><span class="glyphicon glyphicon-off"></span>  `退出`</a></li>`

步骤 3：新建其他页面。在导航条中设置其他三个页面的超链接。新建三个页面，分别为用户管理页面 user_list.html、内容管理页面 content.html、标签管理页面 tag.html，根据效果图修改相关代码内容。这里只列出修改后的代码，见表 3-4。

表 3-4

序号	根据效果图修改后的代码
1	`<li ><a href="index1.html"><span class="glyphicon glyphicon-home"></span>  ` 后台首页 `</a></li>`
2	`<li ><a href="user_list1.html"><span class="glyphicon glyphicon-user"></span>  `用户管理`</a></li>`
3	`<li class="active"><a href="content1.html"><span class="glyphicon glyphicon-list-alt"></span>  `内容管理`</a></li>`
4	`<li><a href="tag1.html"><span class="glyphicon glyphicon-tags"></span>  `标签管理`</a></li>`

2. 后台界面警告框制作

步骤 1：利用栅格系统制作一个一行一列的容器，实现代码如下：

```
<div class="container">
  <div class="row">
    <div class="col-md-12">
</div>
```

步骤 2：登录 Bootstrap 官方网站（https://v3.bootcss.com），选择"JavaScript 插件"—"警告框"选项，或者直接在浏览器地址栏中输入 https://v3.bootcss.com/javascript/#alerts。复制警告框代码如下：

```
<div class="alert alert-danger alert-dismissible fade in" role="alert">
 <button type="button" class="close" data-dismiss="alert" aria-label="Close"><span aria-
hidden="true">×</span></button>
        <h4>Oh snap! You got an error!</h4>
        <p>Change this and that and try again. Duis mollis, est non commodo luctus, nisi erat
porttitor ligula, eget lacinia odio sem nec elit. Cras mattis consectetur purus sit amet
fermentum.</p>
        <p>
        <button type="button" class="btn btn-danger">Take this action</button>
        <button type="button" class="btn btn-default">Or do this</button>
        </p>
   </div>
```

步骤 3 ：根据效果图修改代码的文字内容，修改代码如下：

```
<div class="container">
  <div class="row">
   <div class="col-md-12">
    <div class="alert alert-danger alert-dismissible fade in" role="alert">
     <button type="button" class="close" data-dismiss="alert" aria-label="Close"><span
aria-hidden="true">×</span></button>
     <h4>网站存在漏洞，急需修复！</h4>
     <p>当前程序版本太低，存在严重安全问题，容易造成攻击，请即刻修复！</p>
     <p>
       <button type="button" class="btn btn-danger">立即修复</button>
       <button type="button" class="btn btn-default" >稍后处理</button>
     </p>
    </div>
   </div>
    </div>
</div>
```

步骤 4：制作事件处理动作，即单击"稍后处理"就关闭警告框。

为关闭按钮添加 data-dismiss="alert" 属性就可以自动为警告框赋予关闭功能，关闭警告框也就是将其从 DOM 中删除。实现代码如下：

```
<button type="button" class="btn btn-default" data-dismiss="alert">稍后处理</button>
```

3. 后台界面网站数据统计和网站热帖制作

步骤 1：网站数据统计和网站热帖这两部分内容，需要采用栅格系统并分 2 栏。实现代码如下：

```
<div class="col-md-6"></div>
<div class="col-md-6"></div>
```

步骤 2：为网站数据统计和网站热帖这两部分内容添加面版。选择"官方文档"—"组件"—"面版"选项，选择带标题面版，复制代码如下：

```
<div class="panel panel-default">
<div class="panel-heading">Panel heading without title</div> <div class="panel-body"> Panel
content </div>
 </div>
```

步骤 3：根据网站数据统计和网站热帖这两部分内容的效果图，修改代码内容。修改后的代码如下：

```
<div class="col-md-6">
<div class="panel panel-default">
<div class="panel-heading">Panel heading without title</div> <div class="panel-body"> Panel
content </div> </div>
</div>
<div class="col-md-6">
<div class="panel panel-default">
<div class="panel-heading">Panel heading without title</div> <div class="panel-body"> Panel
content </div> </div>
</div>
```

步骤 4：后台界面网站数据统计。登录 Bootstrap 官方网站（https://v3.bootcss.com），选择"全局 CSS 样式"—"表格"选项，或者直接在浏览器地址栏中输入 https://v3.bootcss.com/css/#tables，选择鼠标悬停效果样式，并复制代码。

步骤 5：根据后台界面网站数据统计效果图的内容，修改代码内容。修改后的代码如下：

```
<table class="table table-hover">
    <thead>
      <tr> <th>统计项目</th><th>今日</th> <th>昨日</th></tr>
    </thead>
    <tbody>
      <tr> <th scope="row">注册会员</th><td>200</td> <td>400</td> </tr>
      <tr><th scope="row">登录会员</th><td>4100</td><td>5112</td></tr>
      <tr> <th scope="row">今日发帖</th><td>1540</td><td>4511</td> </tr>
      <tr><th scope="row">转载次数</th><td>150</td><td>110</td></tr>
    </tbody>
</table>
```

步骤 6：网站热帖制作。选择"官方文档"—"组件"—"列表组"选项。复制代码如下：

```
<ul class="list-group">
<li class="list-group-item">Cras justo odio</li>
<li class="list-group-item">Dapibus ac facilisis in</li>
 <li class="list-group-item">Morbi leo risus</li>
<li class="list-group-item">Porta ac consectetur ac</li>
 <li class="list-group-item">Vestibulum at eros</li>
</ul>
```

步骤 7：根据网站热帖的效果样式修改现有样式。如果没有.panel-body，面版标题会和表格连接起来，没有空隙。删除如下代码：

```
<div class="panel-body"> Panel content </div> </div>
```

步骤 8：根据网站热帖效果图修改代码内容。省略部分的代码和粗体标识代码一样，复制代码即可。修改后的部分代码如下：

```
<div class="col-md-6">
 <div class="panel panel-default">
  <div class="panel-heading">网站热帖</div>
   <ul class="list-group">
    <li class="list-group-item">
    <a href="index.html"><span class="glyphicon glyphicon-list-alt"></span>  发挥特
长 迅速反应 多语种输出助力国际战"疫"<small class="pull-right">2015/08/08</small></a> </li>
            ……
    </ul>
</div>
</div>
```

4. 后台界面今日访客统计图表制作

今日访客统计图表制作需要用到图表插件——chart.js。图表插件的使用方法如下：

① 登录网站（http：//chartjs.cn/），下载 chart.js 插件。

② 在 index.html 文件中引入 chart.js 插件。

```
<script src="js/Chart.js"></script>
```

③ 引入画布。实现代码如下：

```
<div class="col-md-6">
            <div class="panel panel-default">
                <div class="panel-heading">今日访客统计</div>
                <div class="panel-body">
                    <canvas id="canvas" class="col-md-12"></canvas>
                </div>
            </div>
        </div>
```

④ 引入写好的 JavaScript 文件。实现代码如下：

```
<script src="js/script.js"></script>
```

5. 后台界面服务器状态进度条制作

步骤 1：服务器状态进度条的制作，需要使用栅格系统和面版。实现代码如下：

```
<div class="col-md-6">
            <div class="panel panel-default">
                <div class="panel-heading">服务器状态</div>
                <div class="panel-body">
                </div>
```

```
            </div>
        </div>
```

步骤 2：进度条制作。登录 Bootstrap 官方网站（https://v3.bootcss.com），选择"组件"—
"进度条"选项，或者直接在浏览器地址栏中输入 https：//v3.bootcss.com/components/
#progress，选择条纹效果样式，复制条纹效果代码。

步骤 3：根据后台界面服务器状态进度条效果图的内容，修改代码内容。修改后的代
码如下：

```
<div class="panel-body">
                    <p>内存使用率：40%</p>
                    <div class="progress">
  <div class="progress-bar progress-bar-success progress-bar-striped" role="progressbar"
aria-valuenow="40" aria-valuemin="0" aria-valuemax="100" style="width: 40%">
    </div>
</div>
 <p>数据库使用率：20%</p>
<div class="progress">
  <div  class="progress-bar  progress-bar-info  progress-bar-striped"  role="progressbar"
aria-valuenow="20" aria-valuemin="0" aria-valuemax="100" style="width: 20%">
    </div>
</div>
 <p>磁盘使用率：60%</p>
<div class="progress">
  <div class="progress-bar progress-bar-warning progress-bar-striped" role="progressbar"
aria-valuenow="60" aria-valuemin="0" aria-valuemax="100" style="width: 60%">
    </div>
</div>
 <p>CPU 使用率：80%</p>
<div class="progress">
  <div class="progress-bar progress-bar-danger progress-bar-striped" role="progressbar"
aria-valuenow="80" aria-valuemin="0" aria-valuemax="100" style="width: 80%">
    </div>
</div>
```

6. 团队留言板

步骤 1：团队留言板的实现需要使用栅格系统。实现代码如下：

```
<div class="col-md-12">
            <div class="panel panel-default">
                <div class="panel-heading">团队留言板</div>
                <div class="panel-body">
                    <div class="col-md-7"></div>
<div class="col-md-5"></div>
</div>
</div>
 </div>
```

步骤 2：选项"组件"—"媒体对象"选项，选择合适的媒体对象效果样式，复制代码。
步骤 3：根据团队留言板效果图的内容，修改代码内容，并将代码复制三份。实现代

码（其中一份）如下：

```
<div class="media ">
  <div class="media-left">
    <a href="#">
      <img class="media-object " src="images/a.png" alt="李大哥">
    </a>
  </div>
  <div class="media-body">
    <h4 class="media-heading">李大哥</h4>
阿文，今晚需要加班，升级网站程序，网站发现漏洞！
  </div>
</div>
```

步骤 4：将 well 类用在元素上，就能有嵌入（inset）的简单效果。需要给 media 类再加上一个 well 类。实现代码如下：

```
<div class="media well">
```

步骤 5：新建一个 index.css 样式，并定制其样式。解决效果显示问题：图标变小。实现代码如下：

```
.wh{
    width: 64px;
    height: 64px;
    border-radius:50% ;
}
```

步骤 6：在媒体对象中，使用 well 类设置对齐方式，使用.wh 类。实现代码如下：

```
<div class="media well">
  <div class="media-left">
    <a href="#">
      <img class="media-object wh" src="images/a.png" alt="李哥">
    </a>
  </div>
  <div class="media-body">
    <h4 class="media-heading">李哥</h4>
    阿文，今晚需要加班，升级网站程序，网站发现漏洞！
  </div>
</div>
......
</div>
```

7. 留言表单的制作

步骤 1：选择官网—"全局 CSS 样式"—"表单"选项，选取一种合适的表单效果样式，复制代码，并根据留言表单效果修改内容。实现代码如下：

```
<form action="#">
<div class="form-group">
<label for="text1">输入留言内容</label>
```

```
<textarea class="form-control" id="text1" rows="5" cols="10" placeholder="请输入留言内容"></
textarea>
<button type="submit" class="btn btn-default ">留言</button>
</div>
</form>
```

步骤2：定制 index.css 样式。使用 mar 设置 index.css 样式，解决效果显示问题，上边距。实现代码如下：

```
.mar{
    margin-top: 15px;
}
```

8. 团队联系方式的制作

步骤：根据团队联系方式的效果图和文字内容，选项"组件"—"面版"和"列表组"选项。这里还需要选择"组件"—"图标"选项。实现代码如下：

```
<div class="panel panel-default">
<div class="panel-heading">团队联系方式</div>
<div class="panel-body">
<ul class="list-group">
 <li class="list-group-item">站长（李大哥）: <span class="glyphicon glyphicon-phone"></span>
  13435797092</li>
<li class="list-group-item">技术（阿文哥）: <span class="glyphicon glyphicon-phone"></span>
  13435797092</li>
<li class="list-group-item">推广（阿强哥）: <span class="glyphicon glyphicon-phone"></span>
  13435797092</li>
<li class="list-group-item">客服（阿敏姐）: <span class="glyphicon glyphicon-phone"></span>
  13435797092  <span                                 class="glyphicon
glyphicon-phone-alt"></span>  0760-888888</li>
</ul>  </div>
</div>
```

9. 尾部的制作

尾部的制作比较简单，这里只给出代码，不再详细介绍。实现代码如下：

```
<footer>
    <div class="container">
        <div class="row">
            <div class="col-md-12">
                <p>
                    Copyright © 2019-2020  www.edu.com  
ICP备1300号-4
                </p>
            </div>
        </div>
    </div>
</footer>
```

定制 index.css。自定义样式的实现代码如下：

```
footer{
    font-weight: 400;
    text-align: center;
    padding:20px ;
}
```

3.5.2　用户列表页面的实现

步骤 1：新建 user_list.html 页面。根据用户列表页面效果图，采用栅格系统并分 2 栏。实现代码如下：

```
<div class="container">
  <div class="row">
   <!-- 左侧 -->
   <div class="col-md-2">
        </div>
   <!-- 左侧结束 -->
   <!-- 右侧 -->
   <div class="col-md-10">
   </div>
   <!-- 右侧结束 -->
  </div>
  </div>
```

步骤 2 ：根据左侧导航效果图，选择"组件"—"列表"—"链接效果样式"选项。复制链接效果样式代码，并根据左侧导航效果图文字内容，修改代码。实现代码如下：

```
<div class="container">
  <div class="row">
   <!-- 左侧 -->
<div class="col-md-2">
<div class="list-group">
  <a href="#" class="list-group-item active">用户管理</a>
  <a href="#" class="list-group-item">用户搜索</a>
  <a href="#" class="list-group-item">添加用户</a>
</div>
</div>
<!-- 左侧结束 -->
<!-- 右侧 -->
<div class="col-md-10">
</div>
<!-- 右侧结束 -->
</div>
</div>
```

步骤 3：右侧部分——标题"用户管理"的实现。根据效果图，标题使用 Bootstrap 组件——页头来实现。页头的代码可以参考 Bootstrap 官方网站（https://v3.bootcss.com/components/#page-header），根据效果图中右侧部分——标题的效果，选择合适的效果样式，并定制标题样式。实现代码如下：

```
<div class="page-header">
                    <h1>用户管理</h1>
             </div>
```

定制标题样式实现代码如下：

```
.page-header{
    margin-top: 0;
}
.page-header h1{
    margin: 0;
    font-size: 16px;
}
```

步骤 4：右侧部分标签页的实现。根据项目的效果图，"用户列表" "用户搜索" "添加用户"采用 JavaScript 插件——标签页来实现。标签页的代码可以参考 Bootstrap 官方网站（https://v3.bootcss.com/javascript/#tabs）。复制标签页代码，并根据效果图的内容修改代码。修改后的代码如下：

```
<ul class="nav nav-tabs" role="tablist">
    <li role="presentation" class="active"><a href="#home" aria-controls="home" role="tab"
data-toggle="tab">用户列表</a></li>
    <li role="presentation"><a href="#profile" aria-controls="profile" role="tab" data-
toggle="tab">用户搜索</a></li>
    <li role="presentation"><a href="#messages" aria-controls="messages" role="tab" data-
toggle="tab">添加用户</a></li>
</ul>
```

步骤 5：用户列表项的实现。从项目效果图可以看出，用户列表项是标签页的内容，标签页的内容为表格。登录 Bootstrap 官方网站（https://v3.bootcss.com），选择"全局 CSS3 样式" —"表格"选项，或者直接在浏览器地址栏中输入 https://v3.bootcss.com/css/#tables，选择合适的表格效果样式代码。根据标签的内容修改代码，修改后的代码如下：

```
<div class="tab-content">
    <table class="table">
       <caption>Optional table caption.</caption>
       <thead>
       <tr> <th>ID</th> <th>用户名</th><th>邮箱</th> <th>操作</th></tr>
       </thead>
     <tbody>
      <tr><th scope="row">1</th><td> 张 三 </td><td>123456789@zspt.com</td><td> 操 作 </td>
</tr>
       </tbody>
    </table>
  </div>
```

步骤 6：用户列表项——操作功能的实现。从项目效果图可以看出，采用"下拉菜单"组件来实现。登录 Bootstrap 官方网站（https:// v3.bootcss.com），选择"组件" —"下拉菜单"选项，或者直接在浏览器地址栏中输入 https:// v3.bootcss.com/ components/#dropdowns，

选择合适的表格效果样式代码。根据标签的内容修改代码，修改后的代码如下：

```
<table class="table">
 <thead>
<tr> <th>ID</th><th>用户名</th><th>邮箱</th> <th>操作</th></tr>
</thead>
<tbody>
<tr> <th scope="row">1</th> <td>张三</td> <td>123456789@zspt.com</td>
<td>
<div role="presentation" class="dropdown">
<button class="btn btn-default dropdown-toggle" data-toggle="dropdown" href="#" role="button"
aria-haspopup="true" aria-expanded="false">操作<span class="caret"></span></button>
<ul class="dropdown-menu">
<li><a href="#">编辑</a></li><li><a href="#">删除</a></li><li><a href="#">锁定</a></li><li><a
href="#">修改密码</a></li>
</ul>
</div> </td></tr> </tbody></table>
```

步骤 7：分页。登录 Bootstrap 官方网站（https://v3.bootcss.com），选择"组件"—"分页"选项，或者直接在浏览器地址栏中输入 https://v3.bootcss.com/components/#pagination，选择禁用和激活状态的效果样式代码，页码靠右显示。根据标签效果修改代码，修改后的代码如下：

```
<nav class="pull-right">
    <ul class="pagination">
        <li class="disabled"><a href="#" aria-label="Previous"><span aria-hidden="true">
«</span></a></li>
        <li class="active"><a href="#">1 <span class="sr-only">(current)</span></a></li>
        <li><a href="#">2</a></li>
        <li><a href="#">3</a></li>
        <li><a href="#">4</a></li>
        <li><a href="#">5</a></li>
        <li><a href="#" aria-label="Next"><span aria-hidden="true">»</span></a></li>
    </ul>
</nav>
```

步骤 8：修改左侧导航的页面链接。实现代码如下：

```
<ul class="nav nav-tabs" role="tablist">
    <li role="presentation" class="active"><a href="user_list.html">用户列表</a></li>
    <li role="presentation"><a href="user-search.html">用户搜索</a></li>
    <li role="presentation"><a href="#messages">添加用户</a></li>
    </ul>
```

3.5.3　用户搜索页面的实现

步骤 1：新建 user-search.html 页面。登录 Bootstrap 官方网站（https://v3.bootcss.com），选择"全局 CSS 样式"—"表单"选项，或者直接在浏览器地址栏中输入 https://v3.bootcss.com/css/#forms，选择合适的效果样式代码。根据要实现的效果修改代码如下：

```
<form action="#" class="uesr_search">
<div class="form-group">
<label for="name">用户名</label>
<input type="texte" id="name" class="form-control" placeholder="请输入用户名"></div>
<div class="form-group">
<label for="uid">UID</label>
<input type="text" id="uid" class="form-control" placeholder="输入用户 UID">
</div>
<div class="form-group">
<label for="yonghuzu">选择用户组</label>
<select id="yonghuzu" class="form-control">
<option>限制会员</option> <option>新手上路</option><option>注册会员</option> <option>中级会员
</option><option>高级会员</option>
</select> </div>
<button type="submit" class="btn btn-default">提交</button>
</form>
```

步骤 2：添加提示内容——"技巧提示"。登录 Bootstrap 官方网站（https://v3.bootcss.com），选择"组件"—"警告框"选项，或者直接在浏览器地址栏中输入 https://v3.bootcss.com/components/#alerts，选择合适的效果样式代码。根据要实现的效果修改代码如下：

```
<div class="alert alert-info" role="alert">
                    <strong>技巧提示：</strong>
             支持模糊搜索和匹配搜索，匹配搜索请使用*代替！
             </div>
```

步骤 3：定制 index.css 样式。解决显示效果问题：定义类 user-search。实现代码如下：

```
.user-search{
    padding:10px;
    border:1px solid #ddd;
    border-top:none;
    }
```

3.5.4 添加用户页面的实现

步骤 1：登录 Bootstrap 官方网站（https://v3.bootcss.com），选择"JavaScript 插件"—"模态框"—"动态模态框"选项，或者直接在浏览器地址栏中输入 https://v3.bootcss.com/javascript/#modals，选择动态模态框的效果样式代码。根据要实现的效果修改代码。具体用法请查看 3.3.6 节，这里就不再详细介绍。

步骤 2：修改标签按钮内容。实现代码如下：

```
<a href="" role="button" data-toggle="modal" data-target="#myModal">添加用户</a>
```

步骤 3：修改左侧导航按钮。实现代码如下：

```
<a href="" role="button" class="list-group-item" data-toggle="modal" data-target="#myModal">添加用户</a>
```

步骤 4：修改模态框表单内容。实现代码如下：

```
<div class="modal fade" id="myModal" tabindex="-1" role="dialog" aria-labelledby="myModalLabel">
    <div class="modal-dialog" role="document">
        <div class="modal-content">
            <div class="modal-header">
                <button type="button" class="close" data-dismiss="modal" aria-label=
"Close"> <span aria-hidden="true">&times;</span></button>
                <h4 class="modal-title" id="myModalLabel">添加用户</h4>
            </div>
            <div class="modal-body">
                <form action="#">
                    <div class="form-group">
                        <label for="addname">用户名</label>
                        <input type="text" id="addname" class="form-control" placeholder=
"用户名">
                    </div>
                    ……
            <div class="modal-footer">
                <button type="button" class="btn btn-default" data-dismiss="modal">关闭
</button>
                <button type="button" class="btn btn-primary">提交</button>
            </div>
        </div>
    </div>
</div>
```

3.5.5　内容管理页面的实现

内容管理页面和用户管理页面类似。效果相同的部分这里就不再详细介绍。对于结构相同的代码，复制即可。这里只介绍主要的代码。

步骤 1：左侧导航的实现代码如下：

```
  <div class="col-md-2">
    <div class="list-group">
 <a href="content1.html" class="list-group-item active">内容管理</a>
  <a href="content-post.html" class="list-group-item">添加内容</a>
</div>
 </div>
```

步骤 2：新建 content_post.html 页面。添加内容页面，实现代码如下：

```
<form action="#" class="mar_t15">
<div class="form-group">
<label for="title">标题</label>
<input type="text" id="title" class="form-control" placeholder="请输入文章标题"> </div>
<div class="form-group">
  <label for="content">文章内容</label>
 <textarea id="content" class="form-control" rows="15" cols="10" placeholder="请输入文章正文
部分"></textarea></div>
<div class="checkbox">
<label><input type="checkbox">全局置顶  </label>
<button type="submit" class="btn btn-default pull-right">发布文章</button>
</div>
```

```
</form>
```

3.5.6   标签管理页面的实现

步骤 1：制作搜索表单。实现代码如下：

```
<div class="col-md-12 pad0">
<form>
<div class="col-md-10">
<input class="form-control" placeholder="请输入要添加的标签"></div>
<div class="col-md-2">
<button type="submit" class="btn btn-default">添加</button>
</div>
</form>
</div>
```

步骤 2：登录 Bootstrap 官方网站（https：//v3.bootcss.com），选择"JavaScript 插件"—"警告框"选项，或者直接在浏览器地址栏中输入 https：//v3.bootcss.com/javascript/#alerts，选择合适的效果样式代码。根据要实现的效果修改代码如下：

```
<div class="col-md-12 taglist">
<div class="alert alert-info alert-dismissible pull-left" role="alert">
<button type="button" class="close" data-dismiss="alert" aria-label="Close"><span aria-
hidden="true">&times;</span></button>
<strong>bootstrap</strong>
</div>
<div class="alert alert-info alert-dismissible pull-left" role="alert">
<button type="button" class="close" data-dismiss="alert" aria-label="Close"><span aria-hidden=
"true">&times;</span></button>
<strong>中职学院</strong>
</div>
<div class="alert alert-info alert-dismissible pull-left" role="alert">
<button type="button" class="close" data-dismiss="alert" aria-label="Close"><span aria-hidden=
"true">&times;</span></button>
<strong>前端课程</strong>
</div>
</div>
```

步骤 3：定制 index.css 样式。解决效果显示问题，设置背景样式。实现代码如下：

```
 .pad0{
  padding: 0;
}
.taglist{
  padding-top: 15px;
}
.taglist .alert{
  margin: 0 15px 15px 0;
}
```

华信SPOC官方公众号

欢迎广大院校师生 **免费** 注册应用

www. hxspoc. cn

华信SPOC在线学习平台

专注教学

教学课件
师生实时同步

数百门精品课
数万种教学资源

多种在线工具
轻松翻转课堂

电脑端和手机端（微信）使用

测试、讨论、
投票、弹幕……
互动手段多样

一键引用，快捷开课
自主上传，个性建课

教学数据全记录
专业分析，便捷导出

登录 www. hxspoc. cn 检索 华信SPOC 使用教程 获取更多

华信SPOC宣传片

教学服务QQ群： 1042940196
教学服务电话：010-88254578/010-88254481
教学服务邮箱： hxspoc@phei. com. cn

电子工业出版社
PUBLISHING HOUSE OF ELECTRONICS INDUSTRY 华信教育研究所